你是门萨在寻找的那五十分之一吗?

门萨

冷知识

[英] 英国门萨有限公司 …… 著　王盈粲 …… 译

青岛出版集团 | 青岛出版社

山东省版权局著作权合同登记号：图字 15-2022-10

图书在版编目（CIP）数据

门萨冷知识 / 英国门萨有限公司著；王盈粲译. — 青岛：
青岛出版社, 2022.4

ISBN 978-7-5736-0065-3

Ⅰ.①门…　Ⅱ.①英…②王…　Ⅲ.①智力游戏
Ⅳ.①G898.2

中国版本图书馆CIP数据核字（2022）第032327号

MENSA LENG ZHISHI

书　　名	门萨冷知识
著　　者	［英］英国门萨有限公司
译　　者	王盈粲
出版发行	青岛出版社
社　　址	青岛市崂山区海尔路182号（266061）
本社网址	http://www.qdpub.com
邮购电话	0532- 68068091
策划编辑	周鸿媛　王　宁
责任编辑	王　韵
特约编辑	宋　迪
封面设计	文俊｜1204设计工作室（北京）
制　　版	青岛乐道视觉创意设计有限公司
印　　刷	青岛双星华信印刷有限公司
出版日期	2022年4月第1版　2022年4月第1次印刷
开　　本	16开（710 mm×1000 mm）
印　　张	21
字　　数	300千
书　　号	ISBN 978-7-5736-0065-3
定　　价	98.00元

编校印装质量、盗版监督服务电话 4006532017　0532-68068050

前言

作为目前世界上最大的高智商组织，门萨自1946年成立后几十年来，一直致力于把来自世界各地的聪明人聚集在一起。门萨的三条宗旨是：

- 为了全人类的利益鉴定、提升人类的智商；
- 鼓励对智力的本质、特征和用途进行研究；
- 为会员提供智力刺激交流机会。

成为门萨会员的唯一要求就是在一个受认可的标准化智商测试中达到或超过全世界约98%人口的得分。创始人之所以选择"门萨"这个名字，就是为了突出平等精神——"mensa"在拉丁语中意为"圆桌"，代表平等的圆桌会议，参与会议的人没有年龄、性别、种族或地位的差别。门萨在任何意义上都是非政治、非宗教和非歧视的——当然，智商除外！

现在，门萨在世界各国拥有超14万会员。超过50个国家和地区设有门萨分支机构，门萨国际则基本上实现了全球覆盖。南极洲是唯一一个没有门萨成员的大陆，这是因为到目前为止，该大陆上没有永久居民。英国门萨最年轻的会员是埃莉斯·坦·罗伯茨（Elise Tan-Roberts），她在2岁4个月的时候就成了门萨会员。而迄今为止，年纪最大的门萨会员已有103岁，她90多岁时才加入门萨。

门萨的会员遍及各个行业和领域，有成绩不好的学生，也有拥有多个博士学位的教授，有程序员、艺术家、音乐家、科学家、作家、会计师、警察，也有卡车司机、农民、士兵、消防队员、模特、建筑工人、渔民、拳击手。他们中有些人举世闻名，而有些人完全不为公众所知，但门萨并不在乎这些——这里人人平等。

作为一个高智商组织，门萨对人的智力有着很大的兴趣——它是什么？如何培养它？如何充分利用它？门萨是一个严格意义上的非营利性组织，参与了许多关注天才儿童、提高识字率、提高教育覆盖率的项目。门萨基金会还会定期出版有关科学领域的科学研究期刊。门萨也是一个社交性组织，它把聪明人聚集在一起，这对我们的社会发展来说非常重要。

门萨会为会员举办从地方到国际的各级活动，在世界各地的许多乡镇、城市都有定期的集会，从半正式的会面活动到讲座、旅行、晚宴、午餐会和电影院、剧院或游戏之夜，活动形式多种多样。尤其是在一些大城市，活动办得很频繁。许多国家的门萨组织也经常在全国范围内安排集会，包括研讨会、演讲会、舞蹈晚会、游戏聚会以及儿童活动主题见面会等。门萨还在一些国家发行全国性的会员杂志。

门萨会员也经常因兴趣爱好而聚集在一起。门萨的兴趣小组涵盖了你能想象到的所有主题，从与日常生活有关的主题到极其宽泛的宏大主题。兴趣小组会定期发布公告和推出杂志，还会组织小组成员会面，提供电子邮件讨论列表等。如果某位会员找不到想加入的兴趣小组，还可以自己创建一个，流程非常简单。

简单地说，门萨可以成为会员生活的一部分，无论大小。对一些会员来说，这个组织是一个大家庭，在这里可以交到很多朋友，甚至能够找到另一半。对另一些会员来说，门萨是一种兴趣，是一个能够帮助大脑运转的"小东西"。

门萨鼓励所有会员勤动脑筋。智力锻炼不仅是一件很有趣的事，还有助于保持头脑健康。过去十年的研究清楚地表明，有规律地解答谜题和参与社交活动有助于预防阿尔茨海默病。在我们的一生中，大脑始终对我们使用它的方式做着回应——这被称为"神经可塑性"——越是挑战大脑，大脑应对这些挑战的能力就越强。

此外，解答谜题和解决棘手的问题是人类最基本的行为之一，在世界各地的各种文化背景下，在每一个时期的考古遗迹里，我们都能找到娱乐性的谜题、游戏和谜语。这是人类的核心需求之一，也是门萨所鼓励的。

不过，归根结底，你才是门萨的关注点——希望你能从这里获得你想要的。门萨因你而存在。

任何在智商测试中脱颖而出的人都有资格成为门萨会员，你是门萨一直在寻找的那"五十分之一"吗？

门萨为会员提供了一系列的福利：

全世界的人脉资源与社交活动；

兴趣小组——上百个追求爱好与兴趣的机会——从艺术到生态学；

月度会员杂志和地区通讯录；

见面会——从游戏挑战活动到餐饮聚会；

国际性、全国性的会议；

激发智力的讲座和研讨会；

SIGHT（联络人），帮助来旅行的外地门萨成员寻找住房，安排观光游览及相关事宜。

本书中的题目已被用于门萨智商测试，出这些题目的初衷是希望至少有一名参与测试的人能够知道这些题目的答案。做部分题目时可能需要横向思考。一开始，你可能认为自己不知道答案，但是只要稍加思考，发散思维，你可能就能找到答案。即使你无法得出正确答案，我也希望这些题目对你来说有一定的教育意义。

布莱恩·多尔蒂

目录

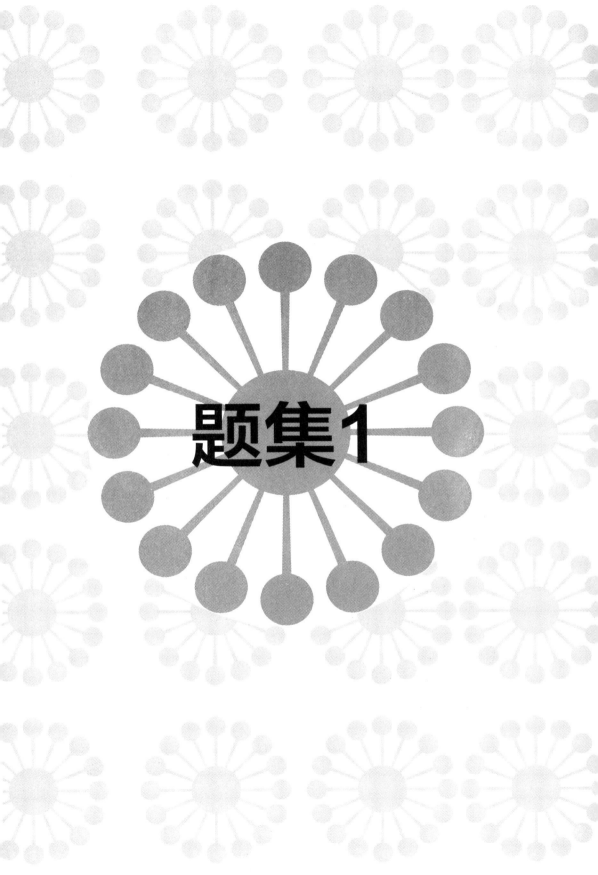

题集1

1. 古罗马与古希腊

① 罗马帝国的版图在哪个皇帝统治期间达到极盛？

② 希腊神话中，哪位塞浦路斯的国王爱上了自己创作的雕塑作品？

③ 哪个现在已经成为遗址的非洲城市是罗马皇帝塞维鲁的出生地？

④ 英文单词 "merchant"（商人）和 "mercantile"（商业的）源于罗马神话中的哪个人物？

⑤ 哪个德国城市是由罗马帝国开国皇帝建立的，且名称源于其称号？

⑥ 哪种树干有独特的螺旋纹路的树是由罗马人引进英国的？

⑦ 古希腊的哪个城市是在公元前146年被罗马人摧毁的？

⑧ 斯巴达克斯起义是被哪位罗马将领镇压的？

⑨ 说出下面这座建筑的名字以及是谁下令修建它的。

❿ 谁是第一位由近卫军拥立继位的罗马皇帝？

⓫ 在公元8年被流放到现今罗马尼亚的罗马诗人是谁？

⓬ 罗马法中的坎努利阿法废除了什么限制？

⓭ 为什么那不勒斯得以从公元79年摧毁庞贝古城的维苏威火山大喷发中幸免？

⓮ 罗马大角斗场是在什么的遗址上建成的？

⓯ 相传，公元前390年高卢人进攻罗马时，哪种动物在高卢人悄悄登上卡比托利欧山后出卖了他们？

⓰ 哪个美国城市的名字源于一个以罗马政治家的名字命名的组织？

⓱ 哪个英国工人社会主义派别是以一位反抗汉尼拔的罗马将军的名字命名的？

⓲ 日耳曼尼库斯·恺撒是哪位罗马皇帝的父亲？

参考答案见第286页

2. 太阳系

1 最早用望远镜发现了木星的四颗卫星（且现在这四颗卫星以他的名字命名）的科学家是谁？

2 天王星和海王星的大气中共有的成分是什么？

3 特洛伊群小行星是与木星共用轨道的一大群小行星，它们分别位于木星的"前方"和"后方"。于1906年被发现的特洛伊小行星被命名为什么？

4 哪位喜剧演员发现过土星上的白斑？

5 哪颗彗星的碎片在1994年撞击了木星？

6 在天王星的卫星中，有四颗主要卫星的名字出自哪里？

7 谁最先发现了土星A环和B环之间的裂缝？

8 在希腊神话中，有一个人曾被宙斯变成一头小母牛。后来，这个名字被用来命名木星的一颗卫星。这个人是谁？

9 1664年，一位名叫罗伯特·胡克的人声称自己发现了木星的什么特征？

10 在太阳系中的哪个天体上能找到以贝多芬、莎士比亚和托尔斯泰命名的陨石坑？

11 是谁发现行星绕太阳公转的轨道不是正圆的而是椭圆的？

12 右图展示的是太阳系中最大的火山。它的名字是什么？

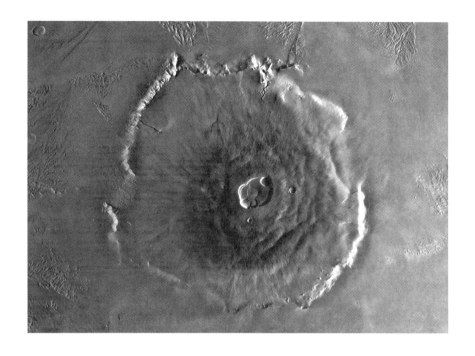

火柴人

在下面的选项中，你能说出为什么选项C是与众不同的那个吗？

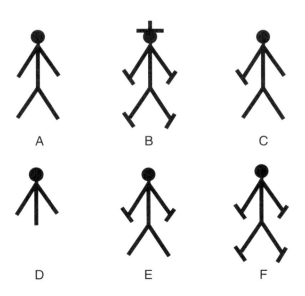

3. 艺术与艺术家（一）

❶ 翠西·艾敏在英国的哪个城市长大？

❷ 请说出与位于阿尔勒的"黄房子"有关的两位艺术家中的任意一位。

❸ 《日出·印象》是谁的作品？

❹ 电影《万世千秋》讲述的是哪位艺术家的故事？

❺ 哪位艺术家于1995年获得了特纳奖？

❻ 艺术家乔治·巴塞利茨的作品的标志性特点是什么？

❼ 下图是一位画家在17世纪创作的画作《宫娥》。在这幅画中还描绘了正在作画的画家本人。这位画家是谁？

8 谁继贝利尼之后成为威尼斯共和国的又一位官方画家？

9 哪个画派反对由约书亚·雷诺兹爵士创立的英国皇家艺术学院的画风？

10 谁画的两张内尔·格温的画在奇克城堡中被发现？

11 哪位印象派画家的画作与赛马和芭蕾舞者有密切的联系？

12 位于布拉德福德的1853画廊专攻哪位艺术家的作品？

13 谁在1480年前后创作了画作《春》？

14 两位18世纪的画家是叔侄关系，一位以作品还原了当时威尼斯城市风貌的特质而闻名，另一位则曾在德国和波兰工作。他们共同使用的艺名是什么？

15 安德烈·卢布廖夫擅长绘制哪种画作？

16 哪位画家的画以伊丽莎白·西德尔作为奥菲莉娅的模特？

17 哪位画家在巴黎公社时期保护了巴黎的艺术藏品，但后来因参与破坏旺多姆广场上的拿破仑凯旋柱而被监禁？

18 毕加索来自西班牙的哪个小镇？

19 谁是在波士顿伊莎贝拉·斯图尔特·加德纳美术馆失窃的《加利利海上的风暴》的作者？

20 来自德国奥格斯堡的哪个画家家庭的成员到处游历，其中一名成员被埋葬在法国的阿尔萨斯，另一名成员在瑞士的巴塞尔生活了一段时间？

4. 岛屿（一）

1 纳尔逊·曼德拉在哪里的监狱被监禁了18年？

2 加拿大不列颠哥伦比亚省的首府位于哪座岛上？

3 《金银岛》里主角们乘坐的船的名字是什么？

4 哥本哈根主要位于哪座岛（一小部分位于阿迈厄岛）？

5 邦蒂号叛变船员的后裔从皮特凯恩群岛转移到了哪一座岛上？

6 哪个虚构人物被囚禁在马赛以南的一座岛上？

7 我们在哪座岛上能看到翡翠海岸？

8 2002年夏天，西班牙和摩洛哥就哪座岛的主权问题发生过短暂冲突？

9 比米尼群岛在哪里？

10 比基尼岛在哪组群岛中？

11 鲁滨孙·克鲁索岛属于哪个国家？

12 布雷顿角岛是加拿大哪个省的一部分？

13 巴利阿里群岛的最南端是哪座岛？

14 谁曾于1506年指挥了葡萄牙舰队开往印度洋的行动，并在行程中在大西洋发现了一组未知群岛？

15 伊夫岛与哪个城市隔海相望？

16 现今属于美国弗吉尼亚州的哪座岛在1585年前后被英国人发现，并成为英国人的殖民地，但是后来这些殖民者突然失踪了？

17 意大利的港口城市马尔萨拉位于哪座岛上？

18 哪位记者在其1923年出版的作品《服役》中反对魔鬼岛？

19 锡拉是哪座由一些古老火山组成的地中海岛屿（或一组群岛）的主要城镇？

20 公元26年，下图所示的提比略皇帝退居到了哪座岛上？

5. 一月

1 日本的哪个城市在1995年1月的一次地震中受到了严重破坏?

2 1949年1月,由海伦·魏格尔主演的哪部戏在东柏林上演,且该作品标志着柏林剧团的成立?

3 第一次世界大战的和平会议是从1919年1月18日开始的,该会议是在哪个城市召开的?

4 津巴布韦哪位前总统在1999年1月被判处10年监禁?

5 荷美尔食品于2005年1月向英国高等法院提起商标纠纷的原因是什么?

6 在虚拟的世界中,哪台计算机于1997年1月12日在伊利诺伊州的厄巴纳开始运作?

7 1943年1月,斯大林因为斯大林格勒战役而无法出席的盟军首脑会议是在哪里举行的?

8 1919年1月,劳埃德·乔治因工人罢工而向英国的哪个城市派遣了军队,并且出动了坦克?

9 哪个位于欧洲的首都在1910年1月遭遇了洪水的侵袭,地下水饱和,河水涌出了下水道和地下铁路隧道?

10 2002年1月,墨西哥的一个反常冷锋导致约2.5亿只蝴蝶死亡,这是什么蝴蝶(如右图所示)?

⓫ 哪个国家于1962年1月1日脱离新西兰，成为波利尼西亚第一个独立的国家？

与众不同

以下选项中，哪一个选项的图案与众不同？

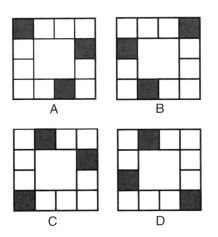

A

B

C

D

轮盘谜题

问号处应填哪个数？

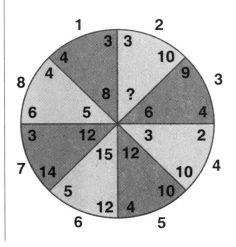

6. 演员

1 亨弗莱·鲍嘉在电影《非洲女王号》中扮演了哪个角色？

2 谁在电影《毕业生》中扮演了罗宾逊夫人？

3 在电影《大逃亡》中，有多少人成功逃脱？

4 在电影《船长二世》中，哪位演员扮演的角色在墙壁倒在他身上后，因为刚好站在窗户的位置而得救？

5 哪位巴西足球运动员出演了电影《胜利大逃亡》？

6 玛丽莲·梦露在电影《热情似火》中扮演了哪个角色？

7 在电影《翠风艳曲》中，吉恩·凯利与哪个卡通人物共舞？

8 在埃罗尔·弗林的电影《侠盗罗宾汉》中，巴兹尔·拉思伯恩扮演了什么角色？

9 在电影《霹雳钻》中，谁扮演了一个叫塞尔的躲过了司法制裁的纳粹？

10 在电影《007之金手指》中，哪个角色被全身"镀金"？

11 在小罗伯特·唐尼主演的电影《卓别林》中，谁扮演了卓别林的母亲一角？

12 谁是1960年版电影《豪勇七蛟龙》的主角之一，并在电影《猛虎湾情杀案》中与海莉·米尔斯演对手戏？

13 彼得·塞勒斯在电影《人不为己，天诛地灭》中扮演的角色叫什么？

14 谁从电影《格雷戈里的女友》的演员转型成为变形合唱团的歌手？

15 谁通过电影《像我们一样不习惯》完成了从无声电影到有声电影的转型？

16 在1935年版电影《仲夏夜之梦》中，米基·鲁尼扮演了普克，那么谁扮演了博顿？

17 英格丽·褒曼在电影《卡萨布兰卡》中扮演了哪个角色？

18 谁扮演了第一部《杀戮战警》中的夏福特一角？

7. 发明与发明家

1 约翰·彭伯顿发明了什么？

2 哪位发明家在乘船通过英吉利海峡时失踪了？

3 谁因发明了一种能使水手在海上精确计算经度的钟而获得了两万英镑的奖金？

4 哪个欧洲研究机构发明了万维网？

5 纽科门在1712年发明了什么？

6 谁发明了珍妮纺纱机？

7 英国皇家学会曾成立了一个委员会来决定是艾萨克·牛顿还是戈特弗里德·莱布尼茨发明了微积分，最终该委员会认定是牛顿发明了微积分。哪位科学家主持了该委员会？

8 20世纪30年代，哪一项发明的名称源自"跳水板"一词的西班牙语？

9 鲁本·马特斯为自己的冰激凌品牌起了什么名字？

10 1839年，天文学家梅特勒和约翰·赫歇尔为路易·达盖尔的新发明起了什么名字？

11 传闻中，一位叫玛丽·哈雷尔的农妇发明了哪种奶酪？

12 哪位机枪的发明者还生产了一种实验性的以蒸汽为动力的飞行器，而且该飞行器还曾短暂地升空过？

13 詹姆斯·克拉克·麦克斯韦设想的为了说明违反热力学第二定律的可能性的东西叫什么？

⑭ 谁在19世纪中叶发明了一种现代的平炉炼钢方法，且这种方法现在以他的名字命名？

⑮ 羊皮纸是在哪里被发明的？它的出现可以应对埃及人对莎草纸的出口禁令。

⑯ 下图中的物品是一台家用录像机。哪家公司发明了家用录像系统（VHS）？

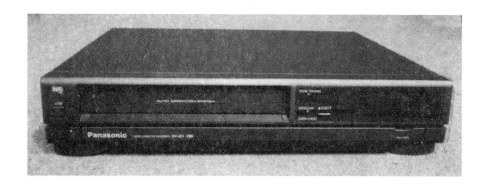

8. 欧洲城市

1 曼布尔斯位于哪个城市的南部？

2 奥地利的第二大城市叫什么？

3 哪个城市的一个地区被叫作篓筐老城，且该地区在第二次世界大战期间遭到了德国人的故意破坏？

4 安德莱赫特位于哪个城市？

5 有一座欧洲机场位于法国，为三个城市提供服务，这三个城市一个在瑞士，一个在法国，一个在德国。请说出这些城市中的任意一个。

6 哪两个欧洲国家的首都仅相距60000米？

7 鲁什尔姆的咖喱英里街在哪个城市？

8 哪个小镇／城市的居民有时被称为"麦克姆斯"？

9 普契尼来自哪个意大利城市？

10 埃尔·格列柯从1577年起居住在西班牙的哪个小镇／城市中？

11 海顿的《D大调第104交响曲》是以哪个地方命名的？

12 古登堡（右图中的人物）在哪个城市经营他的印刷厂？

方形谜题

你能发现下面这些正方形四周的数之间的逻辑关系，并在问号处填上合适的数吗？

12	19	17	6
A		B	
7	8	10	5

4	?	1	6
C		D	
15	8	2	13

与众不同

下图中，每个行李箱下面的数表示的是行李箱的重量，其中哪一个行李箱与众不同？

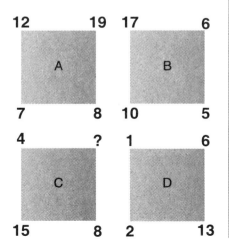

A. 42千克   B. 35千克

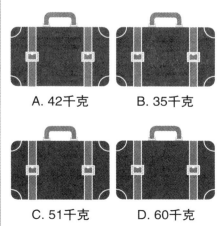

C. 51千克   D. 60千克

9. 第三

① 谁是第三支抵达南极的探险队的负责人？

② 贝多芬的《第三交响曲》原本是为谁而创作的？

③ 第三次伊普尔战役又名什么？

④ 第三国际成立于1919年，它的哪个名字可能更广为人知？

⑤ 约瑟夫·艾伦·海尼克博士首次提出了关于什么的分类系统？

⑥ 排在伏尔加河和多瑙河之后，与伏尔加河一样汇入里海的欧洲第三长河是什么河？

⑦ 布鲁塞尔和安特卫普是比利时最大的两个城市，哪个城市排在第三？

⑧ 戏剧《理查三世》的第一句台词是什么？

⑨ 电影《第三人》的主题音乐是由下图所示的乐器演奏的。这是什么乐器？

⑩ 库克船长的第三次也是最后一次航行的目的是什么？

⑪ 马克斯·恩斯特的第三任妻子是哪个百万富翁？

⑫ 请说出下面这段话是对哪部小说内容的描述：一个人在短时间内惹恼了三个不同的人并安排了三场决斗。当他到达第一场决斗的地点时，他发现对手的帮手们刚好是他要在第二和第三场决斗中面对的两个人。

⑬ 哪个城市是土耳其的第三大城市？它的旧称为士麦那，是已知的最古老的人类定居点之一。

飞镖困境

你有三支飞镖可以投掷到下面这个镖盘上。每支飞镖都必须得分且飞镖可以落在同一区域中，三支飞镖的得分相加即为总分。请问有多少种方法可以得到32分？（三支飞镖总分相同只是投掷顺序不同算一种方法）

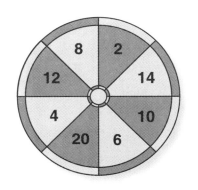

图形挑战

移除下面这个图形中的8条线段，从而只留下两个矩形，且其中一个必须是每条边都只有一条线段的小矩形。如何才能做到这一点？

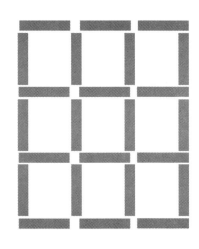

10. 雕塑

1 卢浮宫中的《胜利女神》无头雕像是在哪里被发现的？

2 19世纪初，哪些雕塑从帕特农神庙中被运走？

3 俯瞰里约热内卢的基督像是为了庆祝什么而修建的？

4 在复活节起义50周年之际，爱尔兰共和军将一座坐落于奥康奈尔街的雕像炸毁了。请问那是谁的雕像？

5 在伦敦的圣潘克拉斯火车站5号站台旁可以看到哪位诗人的雕像？

6 请说出特拉法尔加广场三个柱基上的雕像所代表的人物中的任意一个。

7 安东尼·格姆雷的哪个雕塑作品于盖茨黑德市展出？

8 哪位国王的雕像于1901年在温彻斯特的盛大典礼中揭幕？

9 罗丹塑造的哪尊雕像矗立在加莱市市政厅前？

10 原英国医学协会大楼上的雕塑曾引发了争议，现在雕塑已经被摧毁。是谁创作了这些雕塑？

11 罗德岛巨像是谁的雕像？

12 雕塑家父子彼得罗（父亲）和乔凡尼·洛伦佐（儿子）的姓氏是什么？右图为乔凡尼·洛伦佐创作的目前坐落于罗马的著名雕塑作品《圣特雷莎的狂喜》。

参考答案见第289页

11. 乐队

1 罗比·罗伯逊是哪一支活跃于20世纪60年代的乐队的成员，且该乐队曾与鲍勃·迪伦合作过？

2 哪支乐队在1999年发行了一张包含一首名为《小猎犬2号》的歌曲的唱片？

3 谁在组建交通乐队之前，曾是斯宾塞·戴维斯乐队的创始人之一兼歌手？

4 保罗·琼斯和迈克·达博是哪支乐队的主唱？

5 与深紫乐队的歌曲《水上的烟雾》有关的事件发生在哪里？

6 彼特·努恩是哪支乐队的领队？

7 T.S.艾略特的《猫》（即改编为音乐剧的《猫》）中哪只猫的名字同时也是一支乐队的名字？

聪明盒子

下面哪一个选项所展示的盒子与其他选项展示的不是同一个？

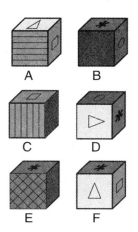

时间旅行

下图中的表在午夜时分是准的（如图A），但从那一刻起，每小时会慢一分钟。就在一小时前，它停了（如图B），此时是正午前，表一共走了不到24小时。请问现在是几点几分？

12. 综合（一）

❶ A4纸的尺寸是多少？

❷ 在普罗科菲耶夫的交响乐《彼得与狼》中，哪些乐器代表狼？

❸ 尤索林是哪本书中的人物？

❹ 谁是法国瓦卢瓦王朝最后三位国王的母亲？

❺ 截止到1985年，哪一颗从库里南钻石上切割下来的钻石是世界上最大的切割钻石？

❻ 欧洲南方天文台的主要观测设施设置在哪个国家？

❼ 莱昂·甘必大曾任哪个国家的总理？

❽ 哪一家公司是艾伦·莱恩于1935年为了以具有吸引力的价格出售某种特定产品而成立的？

❾ 歌剧《特洛伊人》的编剧及作者是谁？

❿ BASE jumping（高处跳伞）中的"BASE"一词是哪几个单词的缩写？

⓫ 谁曾在1956年的音乐剧版《窈窕淑女》中扮演伊丽莎·杜利特尔，但没有在同名电影中出演该角色？

⓬ 哪个发生过覆没事故的石油钻井平台与一位挪威作家同名？

13. 二月

❶ 1996年2月，哪艘油船导致了彭布罗克郡附近的石油泄漏？

❷ 在美国内战爆发的同一年，哪个欧洲国家实现了名义上的统一，并于2月18日举行了第一届议会？

❸ 请说出一个由于1942年2月的战略变动而成为英国皇家空军的目标的沿海城镇的名字。

❹ 哪个国家在1953年2月发生特大水灾，该灾害造成近2000人死亡？

❺ 为什么乔治·华盛顿是2月11日出生的，但是华盛顿诞辰纪念日是2月22日？

❻ 哪艘船于1967年2月19日离开科威特，目的地是米尔福德港，但却在途中搁浅？

❼ 美国在1942年11月登陆摩洛哥和阿尔及利亚后，于1943年2月在哪里被德国人击败？

❽ 哪幅画在1994年2月于挪威国家美术馆失窃，同年5月在英国警方的帮助下被追回？

❾ 右图中的地点如今是颇受欢迎的潜水地点，但是在1944年2月中旬，美国曾对日本海军发起"冰雹行动"，对这里发动了攻击。这是哪里？

图案谜题

你能看出下图中的问号处应该是哪种形状吗？图中的螺圈是从内向外转的。

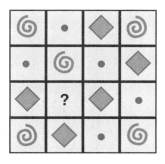

与众不同

你能看出下面这个圆中的哪个数与众不同并解释原因吗？

14. 南美洲（一）

❶ 19世纪90年代，哪个城市成为巴西的第一个规划城市以及米纳斯吉拉斯州的州首府？

❷ 谁于1928年出生于阿根廷的罗萨里奥，并经常出现在阿尔贝托·科尔达的摄影作品中？

❸ 亨利·威克汉姆从巴西的马瑙斯偷窃或走私了什么，给当地经济带来了严重损失？

❹ 智利的哪位前总统有爱尔兰血统？

❺ 贝利为哪个巴西俱乐部效力了19年？

❻ 印加帝国的官方语言是什么？

❼ 谁在1981年至1982年担任阿根廷总统？

❽ 在希腊神话中，彭忒西勒亚是哪个群体的女王？

❾ 佩德罗·德·门多萨建立了如今的哪个首都？

❿ 有许多来自一个特定城镇的人在马尔维纳斯群岛上的一个法国殖民地定居，以至于马尔维纳斯群岛有了一个新名字。这个名字是什么？

⓫ 绰号为"豺狼"的委内瑞拉人伊里奇·拉米雷斯·桑切斯于20世纪70年代至80年代制造了多起恐怖袭击。他自己使用什么名字或化名？

⓬ 哪个体育场举办过1970年和1986年的国际足联世界杯决赛？

⓭ 右图中的熊叫什么，它的独特之处是什么？

时钟谜题

下面这些时钟上的指针以一种奇怪但合乎逻辑的方式移动。第四个时钟所显示的时间应该是什么？

缺失的数

问号处应该填什么数？

6	7	4	8
2	3	0	0
4	5	2	4
5	6	3	?

15. 詹姆斯·邦德

❶ 哪位演员在《007之女王密使》中扮演了主要反派，并与乔治·拉扎贝演对手戏？

❷ 乌苏拉·安德丝出演过哪部007系列电影？

❸ 除了克格勃本身之外，哪个真正的苏联间谍组织在早期007系列电影中出现过？

❹ 《007外传之巡弋飞弹》翻拍自哪部电影？

❺ 哪位法国演员在一部007系列电影中扮演过德拉克斯，又在《豺狼的日子》中扮演过调查官？

❻ 詹姆斯·邦德在哪部电影中与同伴一起搭乘过东方快车？

❼ 谁出演过《三便士歌剧》的第一版舞台剧以及一部早期007系列电影？

❽ 吉尔·马斯特顿出演过哪部007系列电影？

❾ 在《007之雷霆谷》中，詹姆斯·邦德在尚未投入使用的地铁站里首次遇到的日本特勤局局长的名字是什么？

❿ 在某部007系列电影中，小内尔是谁／什么？

⓫ 哪本书以詹姆斯·邦德中毒后躺在地板上面对未知的命运为结尾？

⓬ 右图中的这位女演员在很多部007系列电影中饰演了钱班霓一角。她是谁？

时间旅行

下面这个时钟在午夜时分是准的（如图A），但从那一刻开始，这个时钟每小时会慢10分钟。它在两个半小时前停了（如图B），运行时间不到24小时。现在的时间应该是几点？

A

B

聪明盒子

下面的这些盒子只有三个面有图案，其余面无图案。其中哪两个选项展示的是同一个盒子？

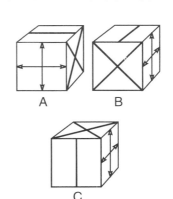

A   B

C

16. 世界河流

① 隆河河口三角洲地区有什么景点？

② 萨尔河是哪条河的支流？

③ 哪条河源自美国新墨西哥州，并通过美国得克萨斯州流向美国俄克拉荷马州，而这条河的名字却代表另一个国家？

④ 老桥横跨在哪条河上？

⑤ 鸭绿江分隔了哪两个国家？

⑥ 美国纽约州首府奥尔巴尼毗邻哪条河？

⑦ 顿河注入哪里？

⑧ 多瑙河切断喀尔巴阡山脉和巴尔干山脉所形成的一系列峡谷被命名为什么？

⑨ 门德雷斯河位于哪个国家？

⑩ 哪两个同名国家被一条同名河流隔开？

⑪ 20世纪60年代，人们在圣马洛附近的哪条河上兴建了潮汐发电站？

⑫ 从贝加尔湖流出的哪条河也是一位政治人物的名字的来源？

⑬ 黑龙江是哪两个国家之间的界江？

⑭ 哪条河与墨累河在文特沃斯交汇，并且与墨累河竞争澳大利亚最长河的头衔？

⑮ 哪座城市是公元762年在底格里斯河沿岸最靠近幼发拉底河的位置建立的?

⑯ 下图所示的大古力水电站在哪条河上?

17. 文学（一）

❶ 安娜·塞维尔的哪本书曾经在南非被禁？

❷ 《绿山墙的安妮》中的故事发生在哪里？

❸ 约翰·怀斯的哪本书是于19世纪初问世的？该书与《鲁滨孙漂流记》属于同一类型的书。

❹ "贾丹思指控贾丹思"这个长期没有了结的法律案件出现在哪本书里？

❺ 约瑟夫·康拉德的哪本书以科斯塔瓦那为背景，讲述了与银矿有关的故事？

❻ 《黎明门前的笛声》是哪本书中的其中一个章节？

❼ 在《白鲸》一书中，亚哈船长和以实玛利从下图所示的岛启航。这座岛叫什么？

8 约翰·克莱兰德是哪本有争议的书的作者？

9 H.G.威尔斯的哪本书讲述了一个对什么都有所不满的布商最终去了一家酒吧工作的故事？

10 电视节目《大草原上的小房子》的原作《在梅溪边》的作者是谁？

11 哪本书的开头写了勃克·马利根住在一个碉楼里？

12 哪本书的主人公们住在画眉山庄？

13 卡夫卡的哪本书讲述了一个名叫K.的男子为了应聘土地测量师的工作而长途奔波，却在抵达后发现并没有这份工作的故事？

立方体谜题

在下面的选项中，哪一个选项中的立方体无法由下左的展开图拼成？

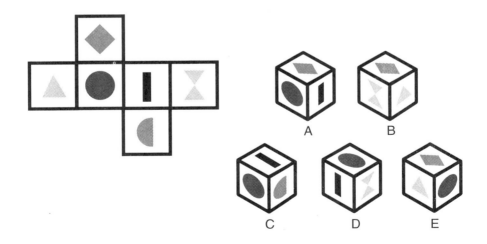

18. 食物（一）

1 夸克是一种什么类型的食物？

2 原料为荷包蛋和焯水菠菜的菜肴（有时会加上帕尔玛干酪酱）的名字是什么？

3 相对于卡路里，哪个能量单位在科学领域被更广泛地使用，且通常和卡路里一起出现在食品包装袋上？

4 "泽西皇家"（Jersey Royal）是什么食物？

5 储藏室最初是用来存放什么类型的食物的？

6 《格列佛游记》中有一段描写了"大头派"与"小头派"之间的纠纷。请说明这两个名字的由来。

7 哪种油可以用于油漆、油灰、木器漆、地板材料和食物中？

8 谁是神话故事中曾用人肉做饭的阿伽门农的父亲？

9 英式蛋奶酱的三种主要制作材料是什么？

图案谜题

你能看出下图中的正方形排列的规律吗？带有问号的正方形应该是什么样的？

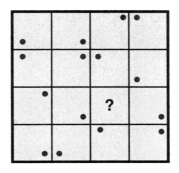

拼起来

哪个选项中的碎片可以与下面这四个碎片一起拼成一个圆？

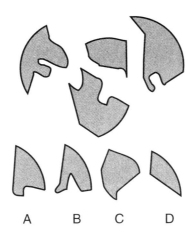

A   B   C   D

19. 美国总统

❶ 谁是美国历史上最年轻的总统？

❷ 谁是第一位因刑事指控而辞职的美国副总统？

❸ 1861年美利坚联盟国宣布成立时，谁是实际上的美国总统？

❹ 哪个首都的名字与美国第五任总统的名字有关？

❺ 富兰克林·罗斯福的妻子叫什么名字？

❻ 在1960年的总统大选中，肯尼迪的来自共和党的对手是谁？

❼ 谁受美国总统委托，到墨西哥商讨有关购买土地的事项？

❽ 在水门事件中，哪个总统候选人的办公室被突击搜查？

❾ 美国施行"禁酒令"时的总统是谁？尽管他本人曾试图阻止禁酒令的施行。

❿ 谁是唯一一位卸任后当选参议员的美国总统？

⓫ 祖孙都是美国总统的情况到目前为止只出现过一次，他们姓什么？

⓬ 美国吞并加利福尼亚和其他曾属于墨西哥的领土时的总统是谁？

⓭ 哪位美国社会主义领导人在第一次世界大战期间入狱，且在1920年竞选总统时仍在监狱里？

⓮ 谁曾四次担任亚拉巴马州州长且四次成为总统候选人？

⓯ 1932年，哪位美国将军无视总统的命令，摧毁了华盛顿特区的胡佛村（即棚户区）？

16 哪个广播电台与一位美国总统的女儿同名？

17 西奥多·罗斯福在未能获得总统候选人提名后成立了哪个政党？

18 1814年英国入侵华盛顿时，哪位美国总统被迫逃离白宫？

19 如下图所示，在1800年总统大选中，与托马斯·杰斐逊一同竞选的是谁（下图为他的肖像）？

20. 诗歌

❶ 《麦田里的守望者》这本书的名字与哪位诗人的诗有关？

❷ 《初览查普曼译荷马有感》是哪位诗人的作品？

❸ 哪位写了《贝尔纳达·阿尔瓦的家》的西班牙诗人和剧作家在1936年被法西斯主义者处决？

❹ 哪位诗人于1943年因叛国罪被捕，但因患病免于受审？最终他在医院被关了十几年。

❺ 哪位苏格兰作家于1813年被授予"桂冠诗人"的称号，但他拒绝了？

❻ 哪位诗人为劳拉写过情诗？

❼ 诗人克里斯托弗·格里夫的笔名是什么？

❽ 哪位诗人曾代表智利共产党在智利议会工作了几年，并且被提名为总统候选人？

❾ 普希金的诗《青铜骑士》与哪位历史人物的雕像有关？

❿ 正如朗费罗的一首诗中所述的那样，哪个银匠因在美国独立战争伊始时的英勇行为而闻名？

⓫ 哪首在1916年由休伯特·帕里编写的歌曲（歌词取自一首短诗）被誉为英国的非官方国歌？

⓬ 华兹华斯的哪首诗歌与一座寺院有关？

⓭ 拉美西斯二世又被称为什么？雪莱的一首诗以此命名。

轮盘谜题

问号处应该填哪个数？

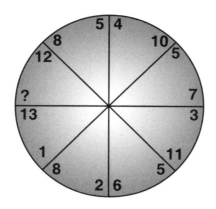

与众不同

你能看出下面这个圆中哪个数与众不同吗？

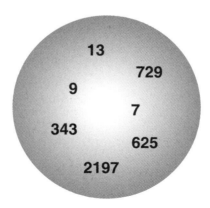

21. 戏剧（一）

❶ 萧伯纳的哪部剧作是以塞尔维亚和保加利亚之间的战争为故事背景的？

❷ 狄索夫人是哪部创作于18世纪的戏剧中的角色？

❸ 理查德·施特劳斯的哪部歌剧是根据奥斯卡·王尔德的一部戏剧改编的？

❹ 皮拉摩斯和提斯柏的故事成了哪部戏剧中的一出戏？

❺ 阿瑟·米勒创作的剧作《推销员之死》中的推销员叫什么？

❻ 哪位剧作家借他笔下的一个角色之口宣称"多数党总在错的一边"？

❼ 大爹是哪部戏剧中的人物？

❽ 罗德·泰勒的电影《鹃血忠魂》是根据哪位爱尔兰剧作家的一生改编的？

❾ 威尔第的歌剧《法斯塔夫》是根据哪部戏剧改编的？

❿ 席勒的哪部戏剧讲述了右图中的女王的故事？

22. 科学（一）

① 哪种科学效应概括了音源在向观察点靠近时音调提高，在远离观察点时音调降低这一现象？

② 什么是切连科夫辐射？

③ 欧洲核子研究组织（它的一部分如下图所示）位于哪个国家？

④ 请说出可以立即证明人体存在软骨的两个身体部位之一。

⑤ 马格努斯效应是什么？

⑥ 哪个领域的研究者会对赫罗图感兴趣？

7 因介质分子热运动引起的分散相粒子的无规则运动被称为什么?

8 哪种曲线的形状与将质量均匀的绳子两端悬挂起来后形成的有弧度的线相似?它因应用于架空电缆而为人所熟知。

9 10的负10次方米有一个什么特殊名称?该名称与一位瑞典物理学家有关。

10 哪个以瑞士科学家的名字命名的科学效应描述了"当气流通过物体时,作用于固定物侧面的气流压力下降,气流越快压力越低"这一现象?

11 微观粒子可以穿过它们本来无法穿入或穿越的障碍物的现象被称为什么?

12 在量子力学中,哪个常数用字母"h"表示?

13 哪种金属来自铝土矿?

平衡问题

下图中,每个大球的重量是每个小球的 $\frac{4}{3}$ 倍。天平左侧有9个小球。为了使天平两侧达到平衡,我们最少需要在天平右侧添加多少个球?

23. 三月

1 1918年3月，苏俄与以德国为首的同盟国签订的和约的名字是什么？

2 1945年3月，同盟国军队跨越德国莱茵河时所过的桥叫什么？

3 1968年3月16日，卡利中尉指挥的部队对哪个村庄进行了屠杀？

4 春分是哪一天？

5 哪个亚洲城市在1945年3月9日至10日遭到了轰炸？这次轰炸造成至少8万人死亡。

6 尽管1943年3月3日那天没有德国轰炸机在伦敦贝斯纳尔格林出现，当地却发生了什么事件导致多人死亡？

7 2003年3月，哪个欧洲国家通过公投决定扩大君主的权力？

8 捷豹在1961年3月于日内瓦举办的一次活动上推出了哪款新车？

9 1991年3月，洛杉矶警察殴打谁的过程被摄像机拍了下来？

方形谜题

你能看出问号处应该填什么数吗？

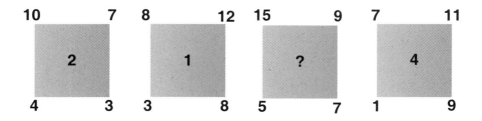

题集2

24. 黑白动物

在下面的选项中，哪一项的图片中的动物与其他选项中的都不同？

A

B

C

D

E

25. 爱德华·蒙克

以下作品同属爱德华·蒙克创作的哪一个系列？

26. 结婚周年纪念日

如果遵循英国传统习俗而不是现代习俗，下面的图片中的物品分别适合在第几个结婚周年纪念日作为礼物送给配偶？

A

B

C

D

E

27. 甜点

下面这些甜点分别来自哪些国家或地区？

A

B

C

D

E

28. 运动

请按发明时间的先后顺序对下面这些运动进行排序。

A

B

C

D

E

29. 国旗

对于现在居住在澳大利亚的人来说，如果想在家升国旗，应该选择以下哪面旗才是正确的？

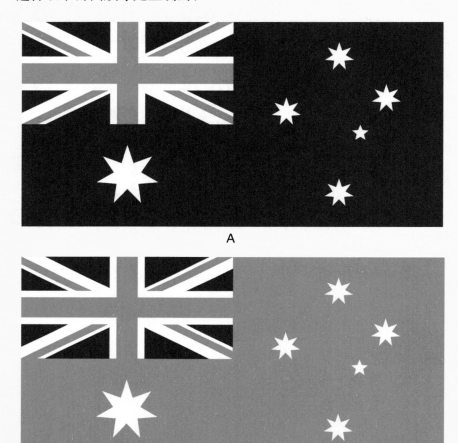

A

B

C

D

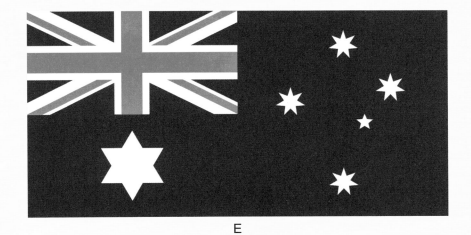

E

30. 不寻常的动物

　　请说出下面这些图片中的动物的名字。你能找出它们中与众不同的那个并说出其他四种动物的共性吗？

A

B

C

D

E

31. 太阳系中的卫星

请按从大到小的顺序排列下面这些卫星。

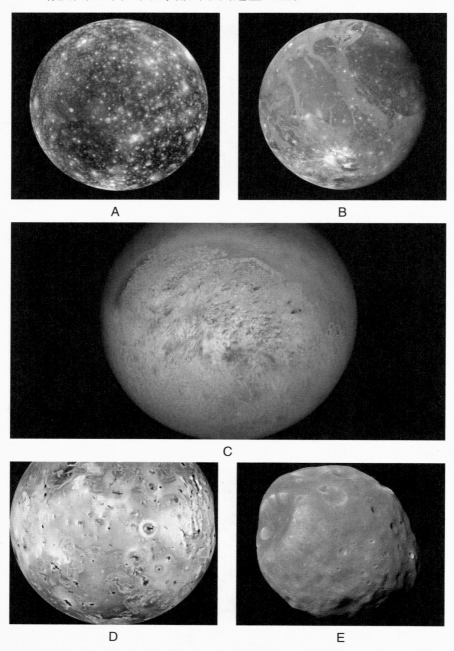

题集3

32. 苏格兰

1 威士忌可以被称为苏格兰威士忌需要满足的两个主要条件是什么?

2 哪个苏格兰人被认为是美国海军的创始人?

3 在1568年逃亡之前,苏格兰女王玛丽一世被囚禁在哪里?

4 哪个苏格兰城市以前被称为圣约翰城?

5 罗伯特·路易斯·斯蒂文森的父亲和祖父的职业是什么?

6 你可以在哪里看到蒙斯梅格大炮?

7 在苏格兰的哪个小镇有一个名为麦凯格塔的未完工的仿罗马大角斗场的建筑?

8 苏格兰的第一个国家公园叫什么?

9 1066年诺曼征服事件发生时,苏格兰的国王是谁?

10 17世纪末18世纪初,苏格兰人曾经想在哪里建立殖民地,结果失败了?

11 尼斯湖位于哪里?

12 在格拉斯哥和爱丁堡之间的哪个城镇,你可以见到右图所示的旋转升船机?

与众不同

　　你能从下面这些图形中找到与众不同的那个吗?

33. 法国

1 在法国大革命时期影响了法国各地的女性形象是什么?

2 法国大革命开始以后,杜桑·卢维杜尔在哪里领导了一场起义?

3 谁是19世纪30年代完成的巨著《法国大革命》一书的作者?

4 有人针对法国大革命说了这样一句话:"能活在那个黎明,已是幸福。"他是谁?

5 谁在法国大革命期间画了《马拉之死》?

6 法国大革命期间,路易十五时期建立的巴黎守护神圣女圣吉纳维芙教堂被改建成了什么?

7 罗伯斯庇尔在法国共和历的哪个月被处决?

8 一位在日内瓦出生的法国大革命的思想先驱和一位法国画家共有的姓氏是什么?

9 德拉克洛瓦(如右图所示)的著名画作《自由引导人民》是为了纪念哪一场革命而创作的?

数字谜题

你能看出下图中的问号处应该填什么数吗？

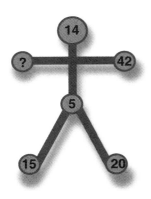

缺失的数

下面这个图形中的数是按一定规律排列的，你能找到规律并在问号处填上正确的数吗？（数为1～9中的一个）

9	3	3	3
5	8	2	1
4	3	8	1
8	2	1	?

34. 火车与铁路

1 1963年在英国发生了一场火车大劫案，该列车的起点和终点分别是哪里？

2 TGV代表什么？

3 哪种形式的铁代替了铸铁成为早期建造铁路的材料？

4 为什么在1800年之前没有（合法的）高压蒸汽机被生产出来？

5 奈杰尔·格雷斯利建造的第一辆以每小时160千米的速度行驶的蒸汽机车叫什么？

6 海拔在1085千米左右的英国海拔最高的火车站位于哪里？

7 下图中的列车位于哪个城市？

8 行驶总长度约为1600千米的蓝色列车在哪个国家运行？

9 哪个国家的铁路总里程最长？

10 谁在利物浦和曼彻斯特之间的铁路开通的那天遇难？

箭头谜题

下面的网格中的箭头是从左上角开始，按顺时针方向旋转排列的。空白处的箭头应指向哪个方向？

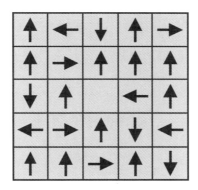

35. 电影改编

1 影片《飞天万能车》的原著是谁写的？

2 哪部电影是根据格雷厄姆·格林的小说改编，并由理查德·阿滕伯勒饰演平基·布朗的？

3 谁写了小说《控方证人》？该小说后来被改编为一部由查尔斯·劳顿和马琳·黛德丽主演的电影。

4 改编自小说的电影《惊魂记》中的汽车旅馆叫什么名字？

5 谁在电影《驱魔人》中扮演了神父？

6 哪部小说（后来被拍成电影）在开头有乔在一家商店中买了一双新靴子后离开这一情节？

7 请说出有一个角色的名字是戴夫·鲍曼的两部电影中的任意一部。

8 马丁·克鲁兹·史密斯的哪本书改编为电影后由威廉·赫特扮演民警伦科？

9 1961年版的电影《命案目睹记》由玛格丽特·拉瑟福德扮演马普尔小姐。而哪位未来的马普尔小姐的扮演者在这部电影中扮演了一个次要角色？

10 1940年版的改编自达芙妮·杜·穆里埃（如右图所示）的小说《蝴蝶梦》的电影由劳伦斯·奥利维尔和琼·方丹主演，这部影片的导演是谁？

11 有争议的迪斯尼电影《南方之歌》是根据哪个系列故事改编的？

⑫ 查尔斯·波蒂斯的哪本书描写了一个女孩在两个警察的陪同下追踪杀父凶手的故事？这本书后来被翻拍成了一部由约翰·韦恩主演的电影。

⑬ 谁写的《南美丛林日记》后来被拍成了电影《摩托日记》？

⑭ 哪部电影是根据《Q&A》这本书改编而成的？

⑮ 保罗·泰鲁的哪部小说以洪都拉斯的一个地方命名，且这部小说被改编成了电影？

36. 哺乳动物

1 哪种动物有一个品种叫作"格利威"？

2 哪种哺乳动物有所谓的白色品种和黑色品种，但实际上它们并不是白色的或黑色的，且黑色品种纯粹是为了区别于白色品种而命名的？

3 遗憾的是，包括下面这张照片上的老虎的品种在内，现代老虎的亚种中有三个已经灭绝。请说出这三个亚种中的任意一个。

4 毕翠克丝·波特创造的"提米脚尖儿"指的是什么动物？

5 《动物庄园》中的哪只猪负责为拿破仑在其他动物中做宣传？

6 哪种动物的某个品种原产于北美洲，后来被引入英国，对当地的另一品种的生存造成了一定的威胁？

7 哪些动物科属属于鳍足目动物？

水果谜题

下图中的每种水果都代表一个数，其中有一个数是负数。你能找出该图的规律，说出每种水果代表的数，并在问号处填上合适的数吗？

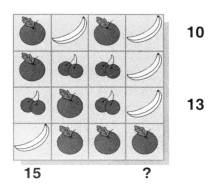

聪明盒子

有这样一个盒子，它的每一面上都有一个不同的图案。下面的选项中，有三个选项的视图来自这个盒子，那么哪一个选项的视图来自另外一个不同的盒子？

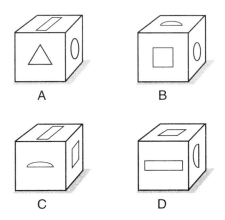

37. 国际足联世界杯

1 哪个亚洲国家的国家队进入了1966年世界杯四分之一决赛？

2 哪支国家队赢得了第一届世界杯的冠军？

3 谁是1982年赢得世界杯冠军的那支意大利队的队长？

4 在1974年世界杯的小组赛中，哪支国家队以1比0的比分击败了东道主西德队？

5 2003年女足世界杯在哪里举行？

6 哪个南美国家的国家队在2002年首次亮相世界杯？

7 在1994年世界杯中，哪位哥伦比亚球员由于留着一头蓬松的金发引起热议？

8 2006年世界杯揭幕战在哪个城市举行？

9 哪位球员是1966年世界杯的最佳射手？

10 齐达内在2006年世界杯决赛中用头撞了谁？

11 在一次世界杯预选赛中，澳大利亚队与哪支国家队的比赛的比分为31比0？

12 在2010年世界杯中，除了法国队外，哪支球队的球员中在法国出生的人数最多？

13 巴西在哪三年赢得了世界杯冠军，从而使他们能够永久保留冠军奖杯？

14 谁在1930年第一届世界杯举办时担任国际足联主席（如右图所示）？

三角谜题

下图中，每条边代表一个小于10的数，请在问号处填上正确的数。

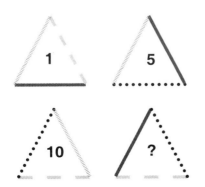

与众不同

你能在下面的图形中找到与众不同的那个吗？

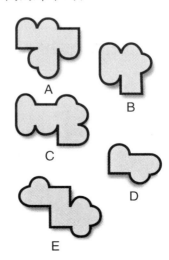

38. 湖泊

1 伦敦桥在美国的哪个湖上重建了？

2 戈登·莱特富特将哪艘沉没在苏必利尔湖的船唱进了一首歌里？

3 大苦湖位于哪个运河？

4 唐纳德·马尔科姆·坎贝尔于哪个湖上去世？

5 东非大裂谷最深的湖泊是哪个？

6 沃尔特湖位于哪个国家？

7 尼亚加拉瀑布位于哪两个湖之间？

8 请说出喀里多尼亚运河连接的湖泊之一。

9 阿斯旺水坝的拦水作用导致了什么的形成？

10 哪个湖蕴含着全球20%的淡水，是现存最古老的淡水湖？

11 淡水湖艾瑟尔湖本来是哪片水域的一部分？

12 意大利最大的湖泊是哪个？

13 拉多加湖毗邻俄罗斯的哪个州？

14 鲍内斯小镇和安布尔赛德小镇都在右边这张照片中的湖旁。这是什么湖？

图案算式

借助下面的算式给出的信息，你可以算出不同图案代表的数吗？

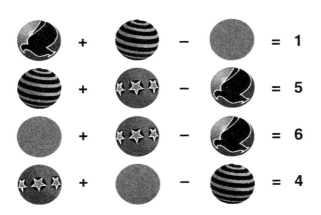

39. 俄国文学

❶ 莫斯科的主要街道特维尔大街以前是以哪个作家的名字命名的？

❷ 谁根据自己在克里米亚战争中的经历写了《塞瓦斯托波尔故事》一书？

❸ 契诃夫的哪一部戏剧是莫斯科艺术剧院标志的来源？

❹ 果戈理的哪本书讲述了哥萨克人的故事？

❺ 肖斯塔科维奇作曲的一部有争议的歌剧是根据尼古拉·列斯科夫创作的哪部小说改编的？

❻ 谁凭借《红色骑兵军》这本书一炮而红？

❼ 奥尔加是契诃夫所著的剧本《三姐妹》中的三姐妹之一，请说出另外两个姐妹中的一个。

❽ 芭芭·雅嘎（Baba Yaga）是谁／什么？

❾ 哪位著名俄国作家的出生地是亚斯纳亚·博利尔纳？

❿ 安娜·卡列尼娜是怎么死的？

40. 四月

1 哪位表现主义剧作家在1919年4月成为巴伐利亚苏维埃共和国的领导人？

2 谁在1792年8月推翻法国君主制的行动中发挥了重要作用，之后成为第一任公共安全委员会主席，然后在1794年4月被处决？

3 在2005年4月29日首次飞行的空中客车飞机叫什么名字？

4 1848年4月，威灵顿公爵在伦敦南部打压了哪群示威人士？

5 哪个国家于1974年4月25日发生了一次政变？

6 哪项英国议会法案在1832年6月被通过，尽管之前的版本未能在1831年初通过？

7 哪个英国军用飞机开发项目在1965年4月被取消，且政府宣布要购买F-111作为替代品？

8 谁在支付了一笔费用后于2001年4月28日飞上太空？

9 哪个城市在1906年4月22日经历了地震？

10 巴勒斯坦北部的哪个难民营是2002年4月一次有争议且被广泛报道的以色列军事行动的现场？

保险箱路径

这是一个与众不同的保险箱。要到达"打开"按钮，必须先以正确的顺序按下其他所有按钮。每个按钮上都标有前进的方向以及步数。哪一个按钮应该第一个被按下？

东南4	东1	南4	东南1	西南4
南2	东1	东北1	东南1	西南1
东1	西北1	打开	西北2	西2
东3	东北3	西南1	西北3	西南1
北2	北1	北1	北3	北1

轮盘谜题

问号处应该填哪个数？

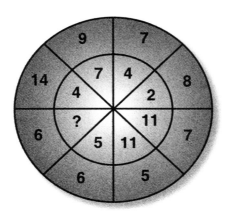

41. 战争

① 意大利为了赢得哪片领土而参加了1866年的普奥战争？

② 在两次世界大战中，波兰和斯洛伐克之间的哪个通道发生过多次战斗？

③ 现今的俄罗斯小镇苏维埃茨克在被德国管辖的时候叫什么名字？

④ 哪位法国剧作家在独立战争期间向美国人资助了大量武器？

⑤ 邦尼王子查理在1745年领导的起义可以被认为是哪场范围更广泛的欧洲冲突的一部分？

⑥ 鼠疫和伦敦大火发生时，英国正与哪个国家交战？

⑦ 哪位作家是第一次世界大战中被称为"王牌中的王牌"的冯·里希特霍芬男爵的姐夫？

⑧ 修昔底德写下了哪场他本人曾参加过的战争的历史？

⑨ 谁在23岁的时候于美国内战期间成为准将，且当年他是以倒数第一的成绩从美国军事学院毕业的？

⑩ "八十年战争"是哪个国家的独立战争的名字？

⑪ "滑铁卢战役或许是在伊顿的操场上打赢的，但其后多次战争一开战也是在伊顿的操场上输掉的"是哪位作家的名言？

代表的数

你能算出下图中的每个符号代表什么数，以及问号处的数应该是什么吗？

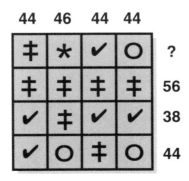

42. 山脉

1 在小说中，瑞普·范·温克尔在哪里沉睡了二十年？

2 策马特位于哪座山的山脚下？

3 哪座山是第一座被人类登顶的海拔在8000米以上的山？

4 1980年，美国西北部的哪座火山猛烈爆发？

5 如果从山脚开始测量（而不是测量海拔高度），世界上最高的山峰是什么？

6 珠穆朗玛峰的高度是多少？

7 哪座山脉绵延超过1000千米，形成了莱索托的东部边界？

8 哪个重要的峡谷位于肯塔基州、田纳西州和弗吉尼亚州的交汇处？

9 与匈牙利大平原毗邻的弧形山脉叫什么？

10 哪个城市位于迦密山的旁边？

11 哪个城市的名字与麦哲伦到该地区探访后记录的见闻有关？

12 库林丘陵的具体位置在哪里？

13 在以寒武纪开始的地质年代划分中，哪一个的名字源于瑞士和法国交界处的山脉？

14 在哪个国家能找到17座峰高超过3000米的南阿尔卑斯山脉？

15 在俄罗斯与格鲁吉亚的交界处，哪座休眠火山可以被称作欧洲最高的山峰（如果承认它位于欧洲的话）？

16 下图中的德纳里山（原名麦金莱山）位于美国的哪个州？

17 在欧洲，火车可以到达的最高点在哪座山上？

三角谜题

你能算出问号处的数应该是多少吗？

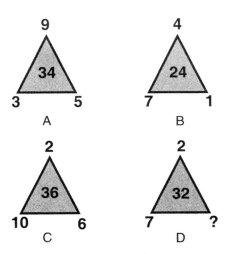

43. 综合（二）

① 格伦·米勒擅长演奏什么乐器？

② 美国曾在两个国家间选择建立连接太平洋和大西洋的运河的位置，最终他们选择了巴拿马。另外一个备选国是哪个国家？

③ 说到叶莲娜·孔达科娃和斯维特兰娜·萨维茨卡娅，你能联想到的职业是什么？

④ 在交通运输领域，缩写SPAD的意思是什么？

⑤ 伦敦地铁的哪条线建于20世纪60年代前后？

⑥ 哪一位剧作家于1937年出生在捷克的兹林市，并因为一部在1967年公演的戏剧一举成名？

⑦ 亚西尔·阿拉法特在从政前从事什么行业？

⑧ 《托马斯和他的朋友们》的故事发生在多多岛。作者创作这座虚拟小岛的灵感源自现实中的哪座岛？

⑨ 桥牌是从其他哪个纸牌游戏衍生而来的？

⑩ 曾改编成电影的《教父》系列小说的作者是谁？

⑪ 哪位歌手因出演《鹪鸪家庭》而走红？

⑫ 谁是目前为止获得奥斯卡最佳男主角时年龄最大的演员？

⑬ 在狄更斯创作的一本书中，谁娶了佩格蒂？

⑭ 谁说服了艾萨克·牛顿发表他的著作《自然哲学的数学原理》？

⑮ 首趟喷气式客机航班从伦敦飞往哪里？

⑯ 戈登·布朗当选英国首相时作为国会议员代表哪个选区？

补全图案

你能看出选项A至E中的哪个可以补全下左的图案吗?

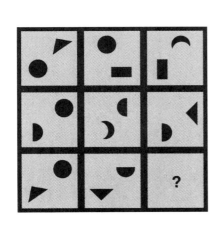

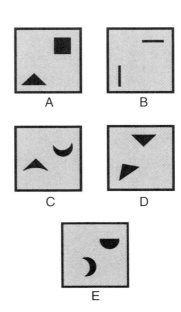

44. 非虚构

1 哪位作家写过《我的大学》这本书，但他本人从未上过大学？

2 谁在参加过巴黎和会之后，在1919年出版的《和约的经济后果》中对《凡尔赛和约》进行了分析？

3 谁在《君主论》这本书中就君主国的类型等问题进行了论述？

4 《丰裕社会》是哪位经济学家的著作？

5 谁在一本名为《马来群岛自然考察记》的书中表达了他对进化的看法？

6 戴尔·卡耐基于1937年出版的哪本书给出了如何应对社交和商业场合的窍门？

7 谁在一本书中写了他和毛驴"小温驯"一起旅行的经历？

8 苏·普里多写的副标题为《呐喊背后》的书是谁的传记？

9 《俄国资本主义的发展》是谁的著作？

10 《自私的基因》是谁写的第一本书？

11 谁写了《神秘力量如何征服世界：现代错觉简史》？

12 哪位写了《夏洛蒂·勃朗特传》的作者（如右图所示）还写了小说《玛丽·巴登》和《北与南》？

骑行逻辑

五位车手参加了一场通宵进行的比赛，且他们开始比赛和结束比赛的时间是有联系的。你能找到其中的联系并算出车手E结束比赛的时间吗？

开始时间：3：15

结束时间：2：06

A

开始时间：3：20　开始时间：5：28　开始时间：7：39　开始时间：6：28

结束时间：1：09　结束时间：2：11　结束时间：3：17　结束时间：?

B　　　　　　C　　　　　　D　　　　　　E

45. 艺术与艺术家（二）

1 一位1930年出生的演员和1999年特纳奖的获得者刚好重名。他们的名字是什么？

2 谁凭借作品《我的床》入围了当年的特纳奖？

3 缩写PRB代表哪个艺术团体？

4 在英国国家美术馆展出的绘于19世纪10年代的威灵顿公爵的肖像画是谁的作品？

5 下面这幅由卢卡斯·凡·瓦尔肯伯奇创作的画展示了位于哪一个城市的冰冻的斯海尔德河上的情景？

6 纳特·金·科尔的一首歌与哪幅画重名?

7 1888年,凡·高和哪位画家在阿尔勒一起住了一段时间?

8 画家拉斐尔的姓是什么?

9 哪个艺术学校隶属于伦敦大学学院,且位于高尔街?

10 在哪个城市可以看到达·芬奇的《最后的晚餐》的原作?

11 毕加索的画作《格尔尼卡》是为了纪念格尔尼卡镇所遭遇的来自哪个国家的部队的袭击而创作的?

缺失的数

问号处应该填什么数?

2	1	4	7
5	4	5	9
3	1	8	6
8	3	?	4

平衡问题

下图中的每个图形都代表一个数。天平1和2处于完全平衡的状态。若要使天平3平衡,需要在天平的右端放多少个正方形?

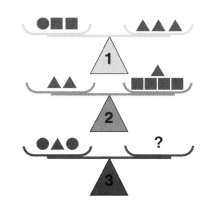

46. 日本

❶ 日本最大的岛屿是哪座？

❷ 世界一级方程式锦标赛日本大奖赛是在哪个赛道举办的？

❸ 日本侵略菲律宾时，菲律宾的总统是谁？

❹ 日本的一个俗称"钢龙"的器械全长为2479米，它是世界上最长的什么？

❺ 1936年奥运会的马拉松冠军因为什么原因进行了抗议？

❻ 在1868年前，现在的哪个城市被称为江户？

❼ 谁是日本偷袭珍珠港时日本方的海军上将？

❽ 千岛群岛是哪两个国家的争议地区？

❾ 1905年，日俄双方在美国的朴次茅斯签署了和约，这个地方在美国的哪个州？

❿ 琉球群岛中最大的岛屿是哪座？

⓫ 美军驾驶哪种类型的飞机向日本投放了原子弹？

⓬ 谁在20世纪10年代前后参与设计了东京帝国饭店（如右图所示），并在设计中融入了之后很快就被用到的抗震装置？

拼起来

下面的选项中，哪一个中的积木能与积木1拼成一个完整的立方体？

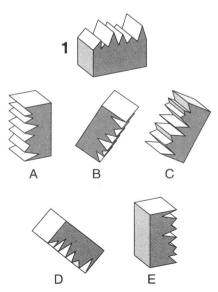

数字谜题

你能算出问号处应该填什么数吗？

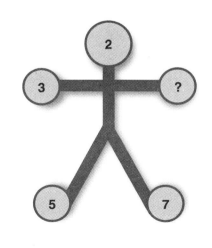

47. 死亡

1 在电影《惊魂记》中，哪位女演员饰演的角色在洗澡时被刺死？

2 哪位作家在1849年被判处死刑，在行刑的前一刻又被改判为流放？

3 拜伦勋爵在哪个国家去世？

4 哪个城市曾被黎塞留公爵围攻了十几个月？

5 哪种动物曾在霍巴特动物园里有一只，在它于1936年死亡后，该动物被认为可能已经灭绝了？

6 阿基米德在哪里去世？

7 伊丽莎白·西德尔是米莱斯于1851年至1852年所绘的哪幅画的模特？

8 大普林尼因什么原因去世？

9 谁在成为棕榈泉市市长之后，又在1994年当选为众议院议员？他于1998年因在滑雪时发生了事故而去世。

10 沃尔特·雷利于1603年被判处死刑，后来又被改判为无期徒刑。之后他被释放并被准许前往圭亚那远征，但在那里发生的事件导致詹姆斯国王最终处死了他。是什么事件冒犯了国王？

11 在民间传说中，是谁在行刑前说"我担心鲁昂镇会因我的死而背负恶名"？

12 贝多芬本打算前往维也纳成为莫扎特的学生。在莫扎特去世后，贝多芬又来到维也纳，此时他成了另外哪位作曲家的学生？

⑬ 1933年，在一次刺杀富兰克林·罗斯福的行动中，哪个城市的市长因受到波及而死亡？

⑭ 比利·怀尔德的哪部电影是以男主角的死亡作为开头的？

⑮ 阿斯特广场暴动是于1849年发生在纽约的一次大暴动，该事件导致许多人死亡。这次事件与莎士比亚的哪一部戏剧上演有关？

48. 五月

❶ 哪座山在1980年5月18日时高约3000米，但在第二天高度降低了几百米？

❷ 尚普兰湖附近的哪座堡垒于1775年5月被美国人占领？它可能由于被用作美国海军舰艇的名字而为一些人所熟知。

❸ 哪支足球队的成员在1949年5月的一次空难中集体丧生，而此后该俱乐部再也没有能够取得像以前一样的成绩？

❹ 比利·怀尔德的哪部电影的故事情节是发生在1927年5月的？

❺ 马奈的画作《处决马克西米利安》（如下图所示）受到了哪位画家所画的《1808年5月3日夜枪杀起义者》的影响？

6 纳粹德国空军在1941年5月轰炸了哪个中立城市？

7 哪位于1794年5月被处决的化学家提出了"氧气"一词？

8 1671年5月，谁伪装成神职人员并伙同一些人试图从伦敦塔窃取英国王冠？

9 英国的哪个城市在1941年遭受了"五月闪电战"？

10 赫伯特·莫里森见证了发生在1937年5月6日的哪一场灾难性事件？

三角谜题

下图中，每条边代表一个小于10的数，请在问号处填上正确的数。

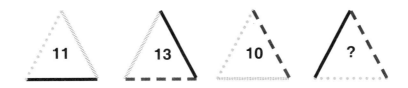

49. 威廉·莎士比亚

1 莎士比亚的《奥赛罗》中的故事主要发生在哪座岛上？

2 莎士比亚的哪一部作品也是乔叟的一部作品的名字？

3 在莎士比亚的《仲夏夜之梦》中，雅典公爵的名字是什么？

4 在《暴风雨》中，谁最后被独自留在岛上？

5 威尔第的哪三部歌剧是根据莎士比亚的作品创作的？

6 莎士比亚的哪部戏剧是以两对双胞胎为故事中心的？

7 莎士比亚笔下的哪一个角色嫁给了能从三个由金、银和铅制成的匣子中正确地选择那个有她的肖像的匣子的求婚者？

8 莎士比亚哪部戏剧的同名主角在剧本的前半部分就去世了？

9 谁的家人被麦克白谋杀了？

10 《皮拉摩斯和提斯柏》是莎士比亚哪部戏剧的剧中剧？

11 经常有报道说塞万提斯和莎士比亚死于同一天，这是不正确的，产生这种错误的原因是什么？

12 "看似疯狂，实则有因"这句话来源于莎士比亚的哪部作品？

13 威尼斯商人本人的名字是什么？

14 普罗科菲耶夫的《骑士之舞》与莎士比亚的哪部戏剧有关？

15 哈姆雷特在发表包含著名台词"可怜的约里克"的演讲时在和谁说话？

50. 名字

1 纽约州的别称是什么？

2 于1152年至1190年在位的腓特烈一世的别名是什么？

3 哪位音乐家的昵称是"慢手"？

4 亨利·查里尔的昵称是什么？

5 哪个组合是以查理·帕克的绰号命名的？

6 哪个英国中队被称为"堤坝终结者"？

7 罗伯特·斯特劳德的绰号是什么？

8 苏联的哪个人物的化名与俄文的"锤子"一词有关？

9 谁以柯勒·贝尔为笔名写作？

10 演员迈克尔·基顿的原名与另一位演员相同。他的原名是什么？

11 蓝铃女孩的组织者蓝铃小姐的真实姓名是什么？

51. 美国（一）

❶ 堪萨斯城位于美国的哪个州？

❷ 美国的四角纪念碑是哪四个州的交界点？

❸ 1854年美国国会通过的一项法案取消了奴隶制的扩张限制，从此奴隶制的扩张不再受地域限制，不断推向北部。该法案以两个未来的州的名字命名，请说出其中一个州的名字。

❹ 梅森–狄克逊线分隔了美国的哪两个州？

❺ 谁在1998年成为加利福尼亚州的州长？

❻ 除夏威夷外，具体来说，美国的最南端是哪里？

❼ 诺克斯堡位于美国的哪个州？

❽ 请说出下面这段话描述的是美国的哪个州：根据其创建者的说法，他最初想将其称为新威尔士，因为那里深受威尔士的影响，但后来他被说服使用了仍可以显示威尔士的影响力的另一个名字。

❾ 布朗大学在美国的哪个州？

❿ 乔治·桑的哪部小说与美国的一个州同名？

⓫ 美国最小的州的首府在哪里？

⓬ 美国的哪个州与塞米诺尔印第安人有着紧密的联系？

⓭ 《飘》的故事背景地是美国的哪个州？

⓮ 加利福尼亚在哪一年被割让给美国？

⑮ 1848年战争后，在墨西哥割让给美国的领土中，最北端的州是哪一个？

⑯ 格林山兄弟会是美国哪个州的民兵组织？

⑰ 奥巴马（如下图所示）当选过美国哪个州的参议员？

52. 岛屿（二）

1 社会群岛中最大的岛是哪座？

2 哪个位于几内亚湾东南部的岛国原为葡萄牙的殖民地？

3 小岛唱片实际上是在哪里成立的？

4 1942年，法国维希政府控制下的哪座岛遭到了英国人的袭击和占领？

5 哪座岛曾被称为三明治群岛？

6 除英国外，诺曼人还成功入侵了其他哪座重要岛屿？

7 罗伯特·格雷夫斯人生中的最后几年是在哪座岛上度过的？

8 20世纪30年代，谁在飞往豪兰岛的途中失踪了？

9 巴斯蒂亚是哪座岛上的港口？

10 哪组岛屿将白令海和太平洋隔开？

11 约瑟芬皇后出生在哪座岛上？

12 在亚洲，野生猩猩如今分布在哪两座岛上？（说出任意一座即可）

13 新地岛以北的哪组岛屿是以奥地利国王的名字命名的？

14 珍珠港在哪座岛上？

15 ABC群岛是阿鲁巴岛、博奈尔岛和哪座岛的简称？

16 代达罗斯在哪座岛上为牛头人身的巨怪建造了一座迷宫？

题集4

53. 文艺复兴

请说出创作下面这些绘画作品的艺术家们的名字，以及其中哪一位被誉为油画之父。

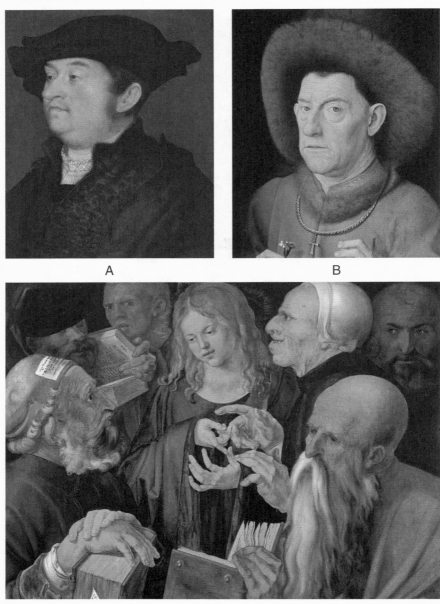

A

B

C

D

E

54. 早期自行车

请说出下面这些早期自行车的名称。

A

B

C

D

E

55. 新石器时代的建筑

下面这些建筑都是非常古老的独立建筑。它们分别在哪？

A

B

C

D

E

56. 它们是什么?

图片中的东西分别是什么? 请说出它们的名字。

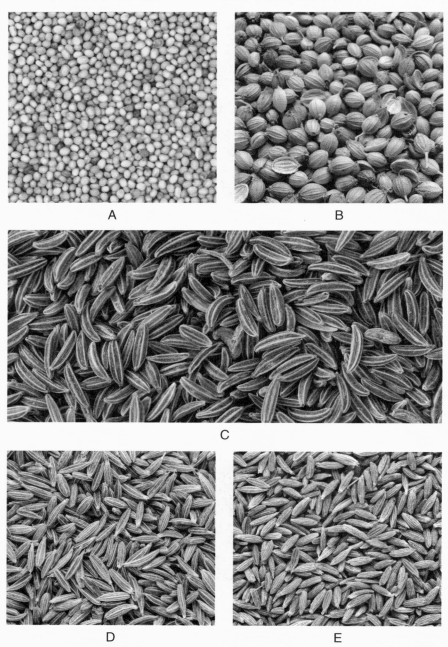

A

B

C

D

E

参考答案见第299页

题集5

57. 电影主题曲与原声音乐

① 谁演唱了电影《007之来自俄国的爱情》的主题曲？

② 在哪部电影中可以听到《塔拉庄园主题曲》？

③ 电影《2001：太空漫游》中出现的第一首古典音乐的曲子是谁写的？

④ 斯塔比·凯和纳特·金·科尔为简·方达主演的哪部电影提供了音乐伴奏？

⑤ 谁为电影《粉红豹》写了主题曲？

⑥ 谁既参演了西德尼·波蒂埃主演的电影《吾爱吾师》，还演唱了该电影的主题曲？

⑦ 1953年的电影《老爷车》的配乐是由美国人拉里·艾德勒创作的。他为什么会移居英国？

⑧ 哪个音乐团体的成员包括莎朗、吉姆、安德烈和卡罗琳，且他们在1991年的电影《追梦者》中引起了大众注意？

⑨ 由右图中的作曲家所写的歌剧《命运之力》为影片《恋恋山城》的主题曲提供了灵感。这位作曲家叫什么名字？

图形谜题

你能看出问号处缺失的图形应该是什么吗?

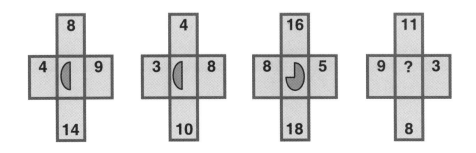

58. 天文学

1 伽利略发现的木星的哪个属性为日心说提供了依据？

2 谁发现了土星环的本质？

3 泰坦尼亚（天卫三）和奥伯龙（天卫四）是天王星的前两大卫星。天卫四是以莎士比亚哪部戏剧中的角色名来命名的？

4 "麦哲伦号"探测器的主要任务是什么？

5 夏威夷的哪座休眠火山是一些著名的天文望远镜的所在地？

6 澳大利亚的国旗（如下图所示）上有哪个星座？

7 1838年，弗里德里希·贝塞尔的哪个发现为证明地球围绕太阳公转做出了贡献？

8 哪个探测器与伦敦的一个街区同名？

9 在天文学中，什么是TLP？

10 莫扎特的《C大调第四十一交响曲》的另外一个名字与哪个天体有关？

11 哪种动物与北十字星有关？

12 射电天文学家称中子星为什么？

13 约翰·弗拉姆斯蒂德是首位英国皇家天文学家，第二位是谁？

14 在英仙座中，哪颗食双星在美杜莎头部的位置上？

15 仙后座的形状像哪个英文字母？

59. 奥林匹克运动会

1 约翰尼·韦斯穆勒在哪届奥运会上赢得了3枚奖牌？

2 哪届奥运会首次实现了电视转播？

3 在1948年的奥运会上，谁是10000米跑项目的冠军？

4 在奥运会的游泳比赛中，最长的距离是多少？

5 女子马拉松比赛第一次出现在奥运会上是什么时候？

6 谁在1968年奥运会上赢得了200米跑项目的金牌？

7 谁曾在1932年奥运会的游泳比赛中获得金牌，后来又出演过电影《飞侠哥顿》和《无畏泰山》？

8 在1912年的奥运会上，谁既赢得了五项全能项目的金牌，又赢得了十项全能项目的金牌？

9 哪位芬兰选手在1972年慕尼黑奥运会上赢得了5000米跑和10000米跑项目的金牌？

10 在影片《飞鹰艾迪》中，男主人公是在哪里举办的奥运会上成名的？

11 请列举两个杰西·欧文斯（如右图所示）在1936年奥运会上获得金牌的项目。

缺失的数

问号处应该填哪个数?

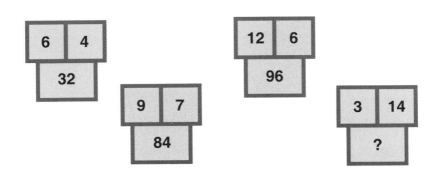

60. 这是谁写的?

❶ 谁写了《英国工人阶级状况》一书?

❷ 谁写了《高卢战记》一书?

❸ 谁写了《新森林的孩子们》一书?

❹ 歌剧《卡门》的原著小说是谁写的?

❺ 谁写了《亨利·埃斯蒙德》这部小说?

❻ 谁写了《伯罗奔尼撒战争史》一书?

❼ 谁写了一部名为《歌剧魅影》的小说?

❽ 谁写了诗篇《青春挽歌》?

❾ 谁写了一部名为《黑桃皇后》的短篇小说?

❿ 电影《命案目睹记》的原著小说是谁写的?

⓫ 谁（如下图所示）写了《比萨诗章》一书?

轮盘谜题

问号处应该填哪个数？

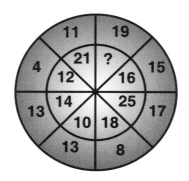

代表的数

下图中的每种图形都代表一个数，图形外的数为每行或每列的数之和。请算出问号处应该填什么数。

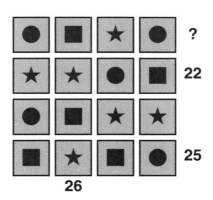

61. 古典音乐

1 库特·马苏尔担任哪个德国管弦乐团的指挥将近30年？

2 《费加罗的婚礼》的第四幕从寻找什么类型的物品开始？

3 哪位作曲家于1935年前后返回苏联，并与斯大林在同一天去世？

4 谁创作了《列宁格勒交响曲》（又名《C大调第七交响曲》）？

5 哪位出生于1833年的作曲家得到了罗伯特·舒曼的极大鼓励和帮助？

6 哪位作曲家在1836年至1846年与乔治·桑（如下图所示）保持着恋人关系？

7 莫扎特的妻子叫什么名字？

8 1969年，哪位来自布宜诺斯艾利斯的指挥家作为客席指挥首次指挥了柏林爱乐乐团？

9 舒伯特的墓在哪位作曲家的墓的旁边？

10 《天方夜谭》交响组曲是哪位作曲家的作品？

11 冯·梅克资助过哪位作曲家？

12 海顿的《第94号交响曲》又叫什么？

代表的数

下图中的每种图形都代表一个小于10的数，图形外的数为每行或每列的数之和。请算出问号处应该填什么数。

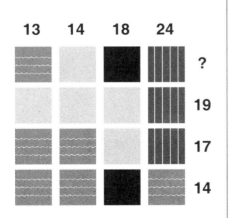

齿轮谜题

如果按黑色箭头所指的方向拉动齿轮，重物会上升还是下降？

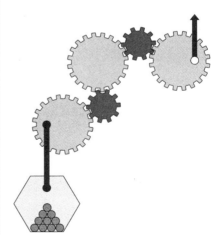

62. 六月和七月

❶ 1942年6月，美国和日本之间发生了哪一场战争？

❷ 1977年7月13日，哪个城市停电了一整晚？

❸ 德国前任副总理于尔根·默勒曼于2003年6月去世。他是怎么死的？

❹ 1946年7月，伊尔根组织炸毁了哪家酒店？

❺ 1611年，在一次寻找西北航道的探险中，谁被叛乱者抛弃了？

❻ 英军原本计划在登陆日当天占领诺曼底的哪个城市，但实际上该城市在7月9日至7月20日期间才被占领？

❼ 1994年7月，哪颗彗星与木星发生相撞事件？

❽ 1863年7月，尤利西斯·格兰特通过占领密西西比河边上的哪个城市建立了声誉？

❾ 1947年7月，发生在哪里的一个奇怪事件使该地区名几乎成了UFO（不明飞行物）的同义词？

❿ 2010年7月，西班牙哪个地区通过了禁止斗牛的决议，从而使该地区成为西班牙第一个禁止斗牛的地区？

⓫ 哪位作家在1865年6月经历了一次严重的火车脱轨事故？该事件被普遍认为影响了他的健康和行为。

⓬ 人类于1954年7月首次登顶了哪座山峰（如右图所示）？

13 1944年7月1日至7月22日举行的联合国货币与金融会议又称什么？

14 2005年7月，哪颗彗星被一个美国探测器击中？

15 2001年7月的八国集团首脑会议是在哪里举行的？

16 1298年7月，威廉·华莱士在哪里被击败？

63. 第二次世界大战

1 哪位好莱坞演员最终晋升为美国空军准将？

2 1943年至1946年间，直接受斯大林领导的活跃于第二次世界大战期间的苏联反间谍组织的名称是什么？

3 "阿基里斯号"和"阿贾克斯号"军舰在第二次世界大战的哪场战役中发挥了重要作用？

4 在入侵捷克斯洛伐克和入侵波兰的间隙，纳粹德国还吞并了哪个国家的领土？

5 发明于第二次世界大战期间，官方名称是H-4大力神的水上飞机（如下图所示）的别称是什么？

6 第二次世界大战爆发时，谁是澳大利亚总理？他后来又担任总理近17年。

7 在第二次世界大战中，哪一种飞机是以一位美国空军重要人物的名字命名的？

8 哪座建于529年的意大利建筑先后遭遇了伦巴第人、萨拉森人的破坏以及地震，后来在第二次世界大战期间被摧毁了？

9 第二次世界大战期间，哪种美国本土语言被美国人用来传递信息？

10 第二次世界大战期间，形成朱诺海滩和索德海滩的那部分诺曼底海岸叫什么名字？

11 发生于第二次世界大战期间的北非战争的起源是什么？

号码逻辑

四位骑手正在参加比赛。每位骑手的号码和他的骑行时间相互关联。你能算出最后一位骑手的号码吗？

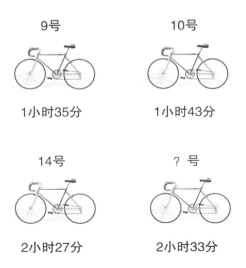

9号   10号
1小时35分   1小时43分

14号   ？号
2小时27分   2小时33分

64. 古代世界

① 哪位法老在公元前1379年出生，后来以阿蒙霍特普四世的名义掌权并开启了阿玛纳时代？

② 谁在酒后暴怒并杀死了他的朋友克莱图斯？

③ 在古埃及，皇室女性埋葬在帝王谷附近的什么地方？

④ 从公元前7世纪开始，古埃及的标准书面文字被赋予什么名称，且该名称也是文字承载的语言的名称？

⑤ 亚历山大大帝麾下的哪一位将军后来在埃及掌权？

⑥ 当朱利乌斯·恺撒第一次见到克娄巴特拉时，他实际上是去埃及寻找哪个人的？

⑦ 哪个运动项目与古希腊的斐迪庇第斯有关联？

⑧ 古希腊的哪位演说家曾领导雅典人民进行反马其顿运动？

⑨ 公元前480年，波斯开始进攻希腊时，列奥尼达斯和他的斯巴达人在哪个关口进行了抵抗？

⑩ 阿伽门农来自古希腊的哪里？

⑪ 来自哈利卡那索斯的哪位历史学家叙述了希腊人和波斯人之间的冲突？

⑫ 希腊人给如今卡纳克和卢克索所在的地方起了什么名字？

⑬ 马拉松战役发生时，波斯帝国的皇帝是谁？

⑭ 哪个首都城市靠近孟菲斯古城？

15 戈尔迪之结的传说是解开此结的人将统治亚洲。亚历山大大帝是如何解开了此结的？

16 克娄巴特拉方尖碑在运到伦敦之前具体在哪里？

17 谁发现了统治有方的女法老哈特谢普苏特之墓？

18 帕台农神庙（如下图所示）的内部曾经有哪位女神的12米高的雕像？

65. 综合（三）

1 在大卫之前，以色列的国王是谁？

2 爱尔兰国家剧院的另一个名字是什么？

3 谁年少时是阿尔及利亚竞技大学队的守门员，还曾获得1957年的诺贝尔文学奖？

4 在斯堪的纳维亚半岛，SAS代表什么？

5 特洛伊战争中的赫克托尔的妻子是谁？

6 前威廉姆斯车队的德国一级方程式赛车手的全名是什么？

7 说出谁唱的英文歌中有这句歌词："如果你要去旧金山，一定要在头发上戴一朵花。"

8 南美洲最高的山峰（如下图所示）叫什么名字？

9 福尔柯克三角区因什么而闻名？

10 源自尼斯的哪道法国菜是用西葫芦、茄子、青椒和番茄沙司等食材做成的？

11 来自英国莱姆里杰斯的玛丽·安宁因发现了什么而闻名？

12 在影片中，埃塔·普莱斯是哪个二人组的同盟？

13 拉奥孔为什么被蛇杀死了？

缺失的数

你能看出下图中各个数字之间的联系并说出问号处应该填哪个数吗？

24	?	21
22		45
5	38	17

方形谜题

你能看出最后一个正方形中缺失的数是什么吗？

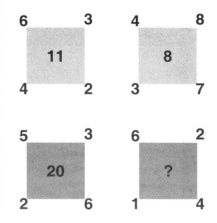

66. 国旗和国歌

1 德国国歌的曲作者是谁？

2 德国国旗由黑、红、黄三种颜色的长方形组成。哪个欧洲国家的国旗也是由这三种颜色的长方形组成的？

3 玛格丽特比萨的颜色正好与哪个国家国旗的颜色相吻合？

4 在乔·罗森塔尔的著名照片（如下图所示）中，哪位美国原住民是在硫磺岛上举起美国国旗的士兵之一？

5 在澳大利亚，哪首歌曲被称为"第二国歌"？

6 哪个国家的国旗中央有一个法轮？

7 《战士之歌》是哪个国家的国歌？

8 《红旗》的旋律来自哪个国家的一首圣诞歌曲？

9 欧盟盟歌《欢乐颂》是根据哪部音乐作品改编的？

10 哪个国家的国旗上有AK47步枪？

11 当前的美国国歌最初是作者在英国轰炸哪个城市的时候写的？

代表的数

下图中的四种图形代表的数能组成一个数列，你能算出每种图形代表的数分别是什么吗？

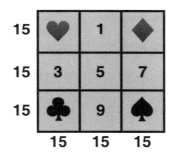

三角谜题

下图中，每条边都代表一个小于10的数。三角形中心的数为各边的值相加所得的和。请说出问号处应该填什么数。

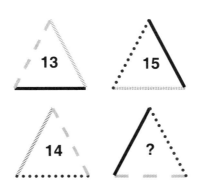

67. 女儿

1 奥地利女皇玛丽亚·特雷莎的哪个女儿出生于1755年？

2 女演员伊莎贝拉·罗塞利尼是哪位女演员的女儿？

3 在古希腊的某一部戏剧中，因埋葬了哥哥而激怒底比斯国王，受到惩罚被活埋的俄狄浦斯的女儿叫什么？

4 哪位歌手是电影《矿工的女儿》中女儿一角的原型？

5 卡尔·马克思最小的女儿叫什么名字？

6 法国波旁王朝的第一位国王的小女儿与哪位英国国王结婚了？

7 在阿伽门农讨伐特洛伊时，为使舰队起航，他将哪个女儿献给了阿尔忒弥斯女神？

8 弗朗兹·李斯特的女儿与哪一位作曲家结婚了？

9 哪位女演员是托尼·柯蒂斯和珍妮特·利的女儿？

10 谁在1668年成为吕贝克圣马利亚教堂的管风琴师？亨德尔和巴赫都到那里拜访过他，希望能成为他的继任者，但因为被要求必须和他的女儿成婚而没能实现。

11 哪位英格兰王后是阿拉贡国王费迪南德二世和卡斯蒂利亚女王伊莎贝拉一世的女儿？

12 埃米琳·潘克赫斯特的两个女儿参与了妇女争取选举权的运动。请说出她的两个女儿的名字。

68. 非洲（一）

1 在2011年之前，非洲面积最大的国家是哪个？

2 卡宾达飞地属于哪个国家？

3 非洲第二大黄金生产国是哪个？

4 奥卡万戈三角洲在哪里？

5 丁卡人住在哪个国家？

6 哪个国家被南非完全包围了？

7 哪个国家的军队推翻了伊迪·阿明政府？

8 卡普里维在哪个国家？

9 贝拉市在哪个国家？

10 1957年，非洲的哪个英国殖民地获得了独立？

拼起来

下面哪一个选项中的图形可以和最左边的图形拼成一个完整的矩形？

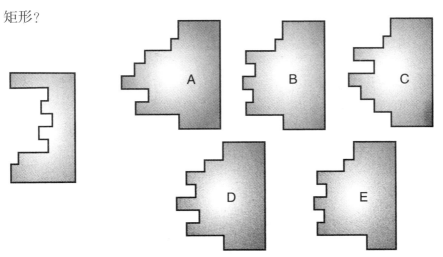

69. 八月和九月

① 萨尔曼·拉什迪的《午夜之子》与1947年8月15日的午夜有关。这一天发生了什么重大事件？

② 2008年9月27日，翟志刚实现的以前只有苏联人和美国人做过的事是什么？

③ 2000年8月，俄罗斯的哪艘核潜艇在巴伦支海沉没了？

④ 哪个欧洲国家于2002年9月10日成为联合国成员国？

⑤ 智利的军队在1973年的哪一天推翻了阿连德政府？

⑥ 在1972年慕尼黑奥运会上袭击以色列运动员的组织叫什么？

⑦ 为什么在1752年9月10日这一天，英国什么事都没发生？

⑧ 1970年9月，一名女子试图劫持从阿姆斯特丹飞往纽约的飞机但没有成功，最终飞机迫降在伦敦。这名女劫机者是谁？

⑨ 从1941年8月起，贝尔格莱德的一家广播电台开始定期播放哪首歌，从而使其广为人知？

⑩ 1813年9月10日，美军（胜利方）与英军（战败方）之间发生了哪场海战？

⑪ 1529年9月，在苏莱曼一世（如右图所示）领导下的一支军队包围了哪个欧洲城市？

轮盘谜题

你能找出轮盘上这些数之间的逻辑关系并在问号处填上合适的数吗？

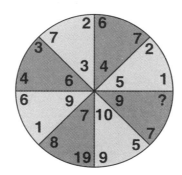

70. 各国首相及总理

1 澳大利亚前总理朱莉娅·吉拉德出生在哪个小镇?

2 十月革命爆发时,俄国的总理是谁?

3 卡埃塔诺在因军事政变而被迫辞职之前是哪个国家的总理?

4 哪位意大利前总理因腐败而被判刑,随后逃往突尼斯避难?

5 詹姆森袭击事件发生时,谁是开普殖民地的总理?

6 雅克·桑特曾担任哪个国家的首相?

7 谁在布尔战争期间担任过布尔游击队的指挥官,在1919年当选为南非总理,并在20世纪40年代再度出任南非总理?

8 在第二次世界大战期间,法国哪位前总理被维希政府逮捕了?

9 谁在梅纳赫姆·贝京之后当选为以色列总理?

10 宣布从越南撤军的是哪位澳大利亚总理?

11 伊朗的哪位首相在任期内将伊朗石油业国有化,后被美国策动的政变推翻了?

轮盘谜题

你能在最后一个轮盘的问号处填上合适的数吗？

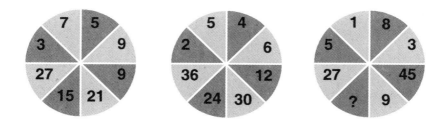

组装方形

请将下面这些数字方块组成一个5×5的正方形，并使其横着看与竖着看时数字的顺序一致。完整的正方形应该是什么样的？

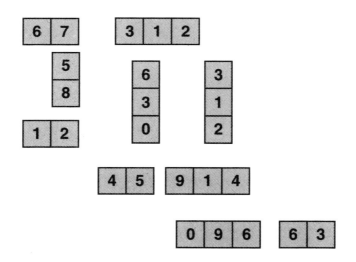

71. 各种动物

1 哪种企鹅仅在南非附近被发现，又被称为黑脚企鹅？

2 哪种海洋生物喜欢吃岩石上的藻类？

3 雪莱把哪种动物称为"欢乐的精灵"？

4 下图中的鸭子因其嘴的形状而得名，它是什么种类的鸭子？

⑤ 除了老虎，还有哪种动物有苏门答腊、爪哇和印度品种？

⑥ 百加得朗姆酒的标志是哪种动物？

⑦ 达尔文青年时期喜欢收集哪种动物？

⑧ 哪种鸟类中有一类被称为"金刚"？

拼起来

下面的选项中，哪个能与中间的积木拼成一个完整的立方体？

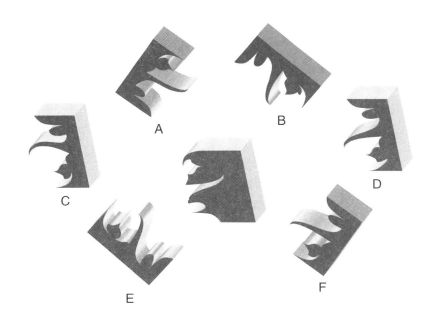

72. 欧洲河流

1 圣瓦莱里位于哪条河的河口旁边？

2 在电影《花衣魔笛手》中，魔笛手在哪条河中淹死了老鼠？

3 西布格河是哪三个国家的界河？

4 突尼斯老城的名字也是一条河的名字，它叫什么？

5 瑞士最长的河是什么河？

6 哪条河最终汇入塞纳河，且第一次世界大战中有两场战斗以该河的名字命名？

7 哪个城市位于塔纳罗河上游，是同名省的首府，而且该省凭借一种特殊的葡萄酒而闻名？

8 哪条苏格兰河流盛产鲑鱼，且其沿岸地区盛产威士忌酒？

9 意大利人乔瓦尼·玛丽亚·法里纳发明了什么？

10 特伦特河与乌斯河汇流形成了哪条河？

11 英国哪个城镇被塞文河环绕？

12 卡马河是哪条河的主要支流？

13 意大利的第二大河是什么？

14 右图中的铁桥横跨哪条河？

缺失的数

你能看出下面这些数之间的关系并在问号处填上合适的数吗?

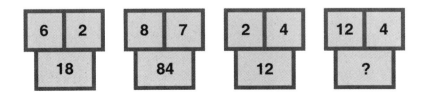

73. 酒

① 金馥力娇酒是用哪种水果调味的？

② 烈酒中所含的酒精的化学名称是什么？

③ 哪种酒是由朗姆酒、椰奶和菠萝汁等原料调制成的？

④ 什么酒是用啤酒蒸馏得到的？

⑤ 哪种酒用金鸡纳和肉豆蔻等来调味？

⑥ 德国有几个葡萄酒产区？

⑦ 夏布利镇以用哪种葡萄品种酿制的葡萄酒而闻名？

⑧ 哪种鸡尾酒（如下图所示）包含杜松子酒、樱桃白兰地、菠萝汁等原料？

74. 作家（一）

❶ 《鲁滨孙漂流记》一书的作者是谁？

❷ 哪个神职人员从英国国教教徒转为天主教徒，并写下了《杰罗修斯之梦》？

❸ 哪位作家住在诺丁汉郡的纽斯特德修道院？

❹ 1898年，哪位法国作家在法国被指控诽谤他人后去了英国？

❺ 《建设自由共和国的简易办法》一书的作者是谁？

❻ 乔治·奥威尔的哪本书写了自己在伦敦和巴黎做洗碗工的经历？

❼ 《黑暗之心》这本书是根据康拉德在哪个国家的经历写成的？

与众不同

下面的选项中，哪一个选项中的图形与众不同？

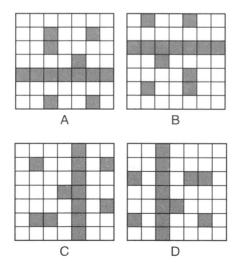

75. 十月

1 在1944年10月21日，美军占领了哪个德国城市？

2 俄国十月革命推翻了哪位总理？

3 哪个伪造事件成为英国1924年10月选举的主要讨论点？

4 2002年10月下旬，意大利哪个地区的一所学校的教学楼因地震而坍塌？

5 1956年匈牙利"十月事件"发生时，匈牙利首相是谁？

6 西班牙国庆日（10月12日）是为了纪念哪个事件而设立的？

7 1854年10月至12月，在澳大利亚维多利亚州的巴拉瑞特金矿发生的矿工起义叫什么？

8 2006年10月，俄罗斯《新报》的哪位记者被暗杀？

9 拿破仑在1813年10月16日至10月19日发生的哪一场战争中惨败？

10 发生于1973年10月6日至10月26日的中东战争又被称为什么？

11 885年11月，维京人开始对哪个城市进行围攻，但最终未能成功？在遭到抵抗后，他们于次年10月撤退。

12 在1962年10月至11月期间，中国与哪个国家发生了军事冲突？

13 "鲁本·詹姆斯号"是一艘在1941年10月被德国潜艇击沉的驱逐舰。它属于哪国的海军？

运算符号

在下面的图形中，运算符号（＋、－、×、÷）被遗漏了。你的任务是还原它们的位置，从而得到图形中间的数字11。请从图形底部的数字9开始沿顺时针方向计算，要使用所有运算符号，乘除优先的运算法则在这里不适用。

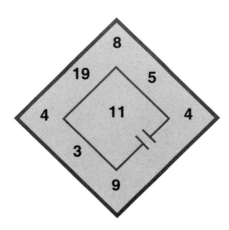

76. 美国（二）

❶ 1971年，美国唯一一家长途和城际铁路客运公司成立，该公司叫什么？

❷ 1996年至2000年期间，哪家公司每年都被《财富》杂志评为"美国最具创新精神公司"？

❸ 1999年，美国的哪家动物园成功让大熊猫"白云"繁殖下一代？

4 美国参议院的参议员是从哪年开始直接民选的？

5 哪位美国将军试图把西点要塞给英国人？

6 1497年，约翰·卡博特乘坐哪艘船发现了纽芬兰大浅滩？

7 美国的哪家公司成立于19世纪，并且现在是美国市值最大的银行？

时间旅行

　　下面这个时钟在午夜时分是准的（如图A），但从那一刻开始，它每小时都会慢3分45秒。它在半小时前停了（如图B，时间是晚上），时间过了不到24小时。现在的时间应该是几点？

A

B

77. 综合（四）

1 在福尔摩斯的故事《斑点带子》中，"斑点带子"其实是什么？

2 皮耶路易吉·科利纳从事的是什么职业？

3 在H.G.威尔斯所写的一个故事中，主人公杰克·格里芬被称为什么？

4 手机里的SIM卡的全称是什么？

5 《随风而来的玛丽·波平斯阿姨》一书的作者是谁？

6 在汉斯·克里斯蒂安·安徒生写的故事中，美人鱼为了成为人类拿什么做了交易？

7 鲁道夫·努里耶夫叛逃到了哪个国家？

8 《关于托勒密和哥白尼两大世界体系的对话》一书的作者是谁？

9 戴维·利文斯通的左臂曾因什么原因受伤？

10 迪斯尼乐园中的睡美人城堡是基于现实生活中的哪个城堡而建造的？

号码逻辑

下图中，每匹马的号码都与其下方对应的数字有关。你能算出第四匹马的号码吗？

4号	7号	3号	？号
15	29	14	24

78. 团体运动

❶ 哪个奖杯的造型为希腊神话中的胜利女神，于1983年被盗，且从那之后再也没有出现过？

❷ 电影《冰上轻驰》是根据1988年卡尔加里冬季奥运会上的什么事件改编的？

❸ 冰球比赛有几个阶段，每个阶段多长时间？

❹ 19世纪70年代，麦吉尔大学制定了哪项运动的规则？

❺ 美国第一个进入棒球大联盟的黑人运动员杰基·罗宾逊加入了哪个俱乐部？

❻ 19世纪末，查尔斯·米勒向圣保罗引进了什么？

❼ 专业比赛使用的足球由哪两种几何形状的图案组成？

❽ 哪两个国家在1969年发动了所谓的"足球大战"？

❾ 1954年的什么事件被德国人称为"伯尔尼奇迹"？

❿ 戴维·斯托里的小说《如此运动生涯》间接涉及了哪项运动？

⓫ 斯坦利杯是什么运动的一个奖项？

79. 金钱

① 哪个运动赛事奖杯是用熔化的卢比制成的？

② 瓜德罗普岛的西印度群岛使用什么货币？

③ 请说出1欧元硬币用到的两种颜色以及它们的位置。

④ 谁写了一个讲述一名滞留在伦敦的美国人暂时拥有100万英镑钞票的故事？

⑤ 法国在使用法郎之前使用哪种货币？

⑥ 古尔登曾是哪个国家在18世纪前后使用的货币？

⑦ 菲律宾的货币名称是什么？

形状谜题

请观察下图，找出周长最长的形状。

A

B

C

D

80. 歌剧

1 在歌剧中，音域与音色能接近女低音、女中音或女高音的男性声部被称为什么？

2 胡戈·冯·霍夫曼斯塔尔是哪位歌剧作曲家的剧本作者？

3 哪部大型歌剧与苏伊士运河的通航有关？

4 谁在1897年被任命为维也纳宫廷歌剧院的指挥？

5 哪部歌剧里的一个角色在蒙住自己孩子的双眼后自杀？

6 谁写了歌剧《汉泽尔与格蕾太尔》？

7 乔治·比才创作的哪部歌剧以锡兰为背景？

8 歌剧《比利·巴德》是根据哪位作家的作品创作的？

时钟谜题

观察下面这几个奇怪的时钟，你能看出最后一个时钟上丢失的时针应该指向哪个数字吗？（不考虑时钟实际运行时的情况）

81. 鸟类

❶ 哪种鸟游泳游得最快？

❷ 使一种动物被定义为鸟的最主要特征是什么？

❸ 哪一种曾广泛存在于大西洋周边的岛屿上的鸟类在19世纪中期灭绝了？

❹ 剪水鹱属中的哪一种剪水鹱又分为几个亚种，其中包括夏威夷亚种？

❺ 拿着锤子和镰刀的鹰出现在哪个国家的国徽上？

❻ 说出哪种鸟有棕色、大斑点和小斑点三个变种。

❼ "我的心在痛，困顿和麻木刺进了感官。"这句诗与哪种鸟有关？

❽ 雄性松鸡是如何寻找配偶的？

❾ "翡翠鸟"一词最初指的是哪种鸟？

❿ 在辛巴达的一次航行中，他的船被哪种类型的鸟投下的巨石砸沉？

⓫ 右图中的恐鸟是一种已经灭绝的不会飞的鸟，它曾栖息在世界上的哪个地方？

82. 诺贝尔奖获得者

① 谁既获得了诺贝尔物理学奖又获得了诺贝尔化学奖?

② 哪位诺贝尔奖获得者因承认自己曾经是党卫军成员而在2006年引起争议?

③ 1971年诺贝尔文学奖获得者巴勃罗·聂鲁达来自哪个国家?

④ 哪个南非人获得了1984年诺贝尔和平奖?

⑤ 请说出两位获得过诺贝尔文学奖的爱尔兰作家。

⑥ 谁因研究一种射线的成果而被授予第一届诺贝尔物理学奖,且该射线后来以他的名字命名?

⑦ 谁于1918年获得了诺贝尔奖,尽管他的发明被用于生产第一次世界大战中所使用的毒气?

⑧ 《战斗报》是法国抵抗军的秘密报纸。报纸的两位编辑后来成为诺贝尔文学奖的获得者,请说出他们的名字。

⑨ 哪位以色列总统于1994年获得了诺贝尔奖?

⑩ 请说出1976年两名共同获得诺贝尔和平奖的爱尔兰妇女的名字。

⑪ 谁因在量子理论方面取得的成就于1921年获得了诺贝尔奖?

⑫ 谁一直是氢弹研发领域的领军人物,却为推动各国停止核试验而做出了大量努力,并因此于1975年被授予诺贝尔和平奖?

⑬ 哪位诺贝尔奖获得者结过五次婚?

⑭ 哪位苏联诺贝尔奖获得者(如右图所示)曾在剑桥与卢瑟福一起工作过,但在1934年回苏联后便没有再返回英国?

15 请说出因发现青霉素而与弗莱明共同获得1945年诺贝尔奖的两位科学家的任意一个。

与众不同

下面的数中，哪一个与众不同？

83. 音乐剧

1 1728年的哪一部音乐剧将亨德尔的音乐简化并讽刺了腐败的伦敦社会?

2 歌曲《你永不独行》来自哪一部音乐剧?

3 《悲惨世界》中芳汀的女儿是谁?

4 科尔·波特的歌曲《太热了》出现在哪一部音乐剧中?

5 樱桃树胡同十七号的班克斯先生是哪一部音乐剧中的角色?

6 当车臣叛乱分子占领莫斯科的杜布罗夫卡剧院时,哪一部音乐剧正在上演?

7 歌曲《不会成真的梦》来自哪部音乐剧?

8 歌曲《如果我统治了世界》来自哪部音乐剧?

9 罗杰斯与汉默斯坦所写的最后一部音乐剧是什么?

10 哪位剧院经理用来自吉尔伯特和沙利文剧院的利润修建了萨沃伊饭店?

84. 水生生物

❶ 在20世纪50年代，哪种鱼在被引入维多利亚湖之后对其生态造成了严重破坏？

❷ 哪种鲸鱼的英文名的由来是捕鲸者认为它们适合作为捕猎对象？

❸ 以建造苏伊士运河的人的名字命名的雷赛布迁移指的是什么？

❹ 海洋中体形第二大的鱼类是什么？

❺ 舒伯特的《钢琴五重奏D667》是以哪种鱼的名字命名的？

❻ 准备初次入海的小鲑鱼有一个什么特殊的名字？

与众不同

在下面的矩形中，哪个数与众不同？

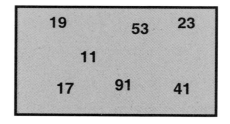

题集6

85. 惠斯勒与罗斯金

下面这些作品都是詹姆斯·惠斯勒的画。哪幅作品使得艺术评论家约翰·罗斯金评论其"将一桶颜料泼到公众的脸上"？惠斯勒认为这一言论严重冒犯了自己，为此他起诉了罗斯金。

A

B

C

D

E

86. 著名桥梁

请指出下图中的每种桥梁的类型，并按建成开通时间的先后顺序为它们排序。

A

B

C

D

E

87. 罗马皇帝

请说出下图中的罗马皇帝分别是谁，并按照他们开始执政的年份的先后顺序排序。

A

B

C

D   E

88. 艺术家

请说出下面每幅画的作者及他们的一个共同点。

A

B

C

D

89. 浪漫主义诗人

请说出下面这些图中的浪漫主义诗人的名字，并根据他们去世时的年龄排序，从年龄最小的开始。

A

B

C

D

E

90. 太空漫游车

请说出下面这些太空漫游车的名字。

A

B

C

D

E

91. 发明时间

请按发明时间的先后顺序给下面这些发明排序。

A

B

C

D

E

92. 宇航员（一）

下面这些宇航员有什么共同点？

A

B

C

D

E

题集7

93. 画作

① 谁画了《亚维农的少女》？

② 哪一个巴黎火车站是莫奈在1877年时创作的一系列画作的主题？

③ 谁在1505年画了《金翅雀圣母》？

④ 福特·马多克斯·布朗与哪个艺术团体有一些关系？

⑤ 哪幅画在被盗两年后，于1913年在佛罗伦萨被发现？

⑥ 谁画了《尼古拉斯·杜尔博士的解剖学课》？

⑦ 哪艘有悲惨历史的船是西奥多·籍里柯的一幅画的主题？

⑧ 描绘弗朗斯·班宁·库克上尉的射手连队的一幅画作被称作什么？

⑨ 谁画了《草地上的午餐》？

⑩ 谁画了《永恒的记忆》？

⑪ 哪幅画的正式名称是《灰与黑的协奏曲》？

⑫ 凡·高在1889年创作的哪幅画作展示了圣雷米上空的月亮？

⑬ 特纳的画《暴风雪》（简称）描述了哪个历史事件？

⑭ 谁画了《足球比赛》？

⑮ 乔托的哪幅画据称展示了哈雷彗星？这幅画使一个观测哈雷彗星的太空探测器以乔托的名字命名。

⑯ 使印象派得名的画作《日出·印象》（如右图所示）展示了哪个城市的景象？

图案谜题

观察下面左边的四个正方形，找出规律，然后从右边的选项中选出下一个正方形。

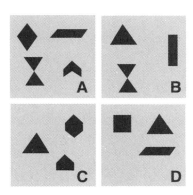

94. 十一月和十二月

1 在1805年12月2日发生的哪场战役确认了法国在欧洲的霸权？

2 1917年11月7日十月革命爆发之后，曾经的哪个学校因成为布尔什维克党的总部而变得至关重要？

3 1989年12月，谁当选为捷克斯洛伐克联邦议会主席？

4 拿破仑在1799年11月9日发动了政变。这个月对应法国共和历的哪个月？

5 在坐牛被杀死两周后的1890年12月29日，在哪里发生了一场大屠杀？

6 哪艘船于1120年11月25日沉没？

7 哪位布尔什维克领导人（如下图所示）在1934年12月被谋杀，且该事件为斯大林发动大清洗运动提供了借口？

8 1939年12月，"施佩伯爵号"战舰进入哪个港口进行维修?

9 作为"月光奏鸣曲"行动的一部分，哪个城市在1940年11月遭到攻击?

10 2005年12月下旬法国发生骚乱时，其内政部长是谁?

11 圣斯德望日在哪天?

12 1919年11月，亚瑟·爱丁顿宣布了他对1919年5月发生的月食的观测结果，该结果被认为给哪个理论提供了依据?

与众不同

观察下面的圆中的数，你能找出其中与众不同的那个吗?

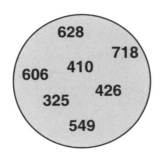

95. 经典当代文学

① 讲卡塞蒂谋杀案的是哪本书？

② 伦纳德·威伯利的哪本书写的是一个国家向美国宣战的故事？

③ 乔治·奥威尔的哪一部长篇小说是影响力巨大的反乌托邦政治小说？

④ 哪本书写了比利·皮尔格里姆经历了恐怖的德累斯顿炸弹袭击的故事？故事还写到，此后，他经常出现幻觉，比如被外星人绑架并在它们的星球上的动物园中被展出。

⑤ 《夏洛的网》一书中的猪叫什么名字？

⑥ 《哭泣的大地》一书的标题指代的是哪个国家？

⑦ 哪本书的副标题为《查尔斯·赖德上尉神圣的渎神回忆》？

⑧ 巴斯克维尔的威廉是哪本书中的角色？

⑨ 谁写的小说《恶心》获得了极大的好评？

⑩ 莎士比亚笔下的哪个角色说了"美丽新世界"这个短语，后来该短语被当作一本书的书名？

⑪ 《森林王子》中西奥尼狼群的首领叫什么名字？

96. 观星

1 水手如何使用北极星来计算纬度？

2 是谁第一个意识到银河实际上是由恒星组成的？

3 仙女星系在哪个星座？

4 天空中星座的数量等于一架标准钢琴上琴键的数量。这个数量是多少？

5 哪个星座有时也被称为"茶壶"？

6 与大熊座相邻的天猫座被取这个名字不是因为它看起来像山猫，那么原因是什么？

7 对于古埃及人来说，哪一颗星的升起意味着尼罗河即将泛滥？

8 哪一颗星是天空中第五明亮的恒星？

9 北极星在哪个星座？

10 山案座是如何得名的？

11 天文学中的经度叫什么？

12 银河系中哪两个伴星系是以右图中的这位葡萄牙水手的名字命名的？

立方体谜题

下面的立方体中，哪一个无法由左边的这个展开图拼成？

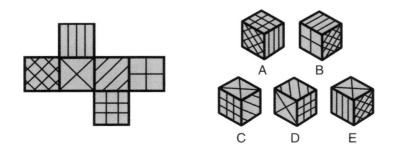

97. 食物（二）

① 用于制作传统意大利面食的面粉叫什么？

② 欧洲PDO（原产地保护规范）旨在保护某些产品的地理完整性。例如：帕尔马火腿只能来自帕尔马，香槟酒只能来自香槟。PDO涵盖的哪种英国产品是一个例外？

③ 印度的马萨拉咖喱鸡（如下图所示）在哪个国家大受欢迎，甚至被称为"国菜"？

④ 哪个国家是枫糖浆的主要生产国？

⑤ 如今，大部分马苏里拉奶酪都是由奶牛的奶制成的。它最初是用哪种动物的奶制成的？

时钟谜题

下面这些时钟以一种特殊的方式运转。接下来的时钟应该显示什么时间？

三角谜题

下面的图形中，每条边都代表一个小于10的数。三角形中心的数为各边的值相加所得的和。请在问号处填上合适的数。

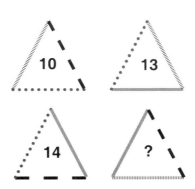

98. 数学与数学家

1 哪位数学家与西西里岛的锡拉库萨有关？

2 柯尼斯堡市拥有多少座桥梁？这些桥梁也是一个叫柯尼斯堡七桥问题的数学问题的出处。

3 哪个数学定理是西蒙·辛格的一本畅销书的主题？

4 高斯分布的函数曲线是什么形状的？

5 在数学领域，像一块饼一样的形状叫什么（即由一条圆弧和经过这条圆弧两端的两条半径所围成的图形）？

6 在数学中，"∞"表示什么？

7 比萨的数学家莱昂纳多更为人所知的名字（以"斐"字开头）是什么？

8 中位数是怎么算出来的？

9 用一张A4纸的长除以宽，得数是多少？

10 数独实际上是瑞士数学家欧拉在18世纪提出的哪种方阵更为复杂的形式？

与众不同

　　下面这些图案中，有三个遵循同一个规律，只有一个是例外，你知道这个图案是哪个吗？

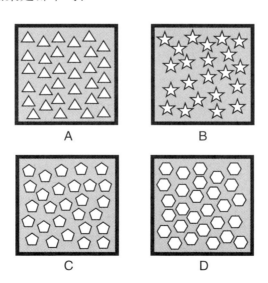

参考答案见第309页　　**185**

99. 音乐家与音乐人

1 贝多芬的哪一部音乐作品成了托尔斯泰的一本书的名字？

2 杰奎琳·杜普雷以演奏哪种乐器而闻名？

3 谁给自己的女儿起名为"月亮单元"？

4 鲁契亚诺·帕瓦罗蒂来自意大利的哪个城市？

5 罗伯特·舒曼的妻子（如下图所示）也是一位著名的音乐家，她叫什么名字？

6 洛雷塔·林恩的妹妹也是乡村歌手，请说出她的名字。

7 强哥·莱恩哈特以演奏什么乐器而闻名？

8 在1963年的欧洲歌唱大赛中，哪位希腊歌手代表卢森堡参赛？

9 在某部电影中，谁带领"蒂华纳"铜管乐队狂奔？

10 皇后乐队主唱弗雷迪·默丘里与哪位歌剧演员合作制作了专辑《巴塞罗那》？

代表的数

下图中的每个符号分别代表一个数。你能看出问号处应该填什么数吗？

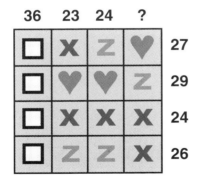

与众不同

观察下面的图形和数，你能找出与众不同的那个三角形吗？

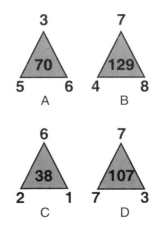

100. 星期

❶ 谁是《星期六晚上和星期日早上》这本书的作者？

❷ 托尼·凯在1964年因赌球丑闻被禁止参加足球比赛。请说出他所效力的名字中带有"星期"一词的俱乐部。

❸ 复活节的日期是如何计算的？

❹ 澳大利亚的哪个赛马节是在11月的第一个星期二举行的？

❺ 《龙飞凤舞》是哪部电影的续集？

❻ 谁在1972年对当年发生在德里的"血腥星期天"事件进行了调查？

❼ 经济界给发生在1987年10月19日的一场股票市场危机起了什么名字？

❽ 与英国复活节相关的蛋糕（如下图所示）叫什么名字？

轮盘谜题

观察下面的轮盘，找出规律，在问号处填上恰当的数。

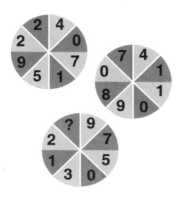

数字规律

问号处的数应该是多少？为什么？

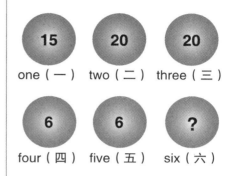

立方体谜题

你能在右边的立方体中找出无法由左边的展开图拼成的那个吗？

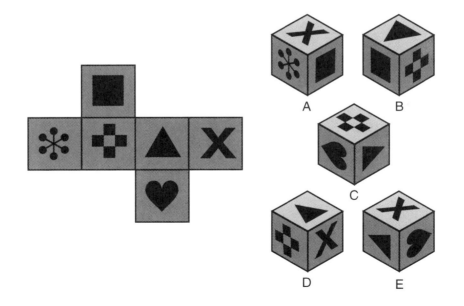

101. 英国作家

1 《衰落与瓦解》一书的作者是谁?

2 哪位作家在一家医院工作时了解了很多关于毒药的知识?

3 作家C.S.刘易斯出生于哪个城市?

4 哪位作家首次提出了"名利场"一词?

5 《幸运的吉姆》一书的作者是谁?

6 《金色笔记》一书的作者是谁?

7 哪位作家是英国的《国家名人传记大辞典》的编辑莱斯利·斯蒂芬的女儿?

8 威妮弗雷德·霍尔特比写了一本讲述英国约克郡哪个不存在的地区的书?

9 英国诺丁汉郡的伊斯特伍德镇是哪位知名作家的出生地?

10 哪位知名作家出生在朴次茅斯?

11 《女权辩护》一书的作者是谁?

12 《哈利·波特》系列小说中的$9\frac{3}{4}$站台(如右图所示)的原型是现实生活中的哪个火车站?

图形规律

在下面的图形中，已经按照某个规律填好了一部分数字。你能找到这个规律并在问号处填上合适的数字吗？

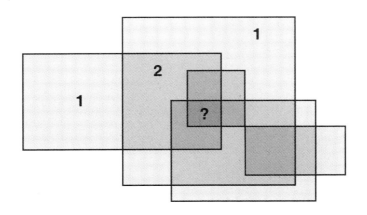

102. 其他河流

❶ 加龙河和多尔多涅河汇合后形成了什么？

❷ 在铁路桥梁出现之前，哪个小镇／城市拥有第一座横跨莱茵河的桥梁？

❸ 2009年在哈德逊河进行水上迫降的飞机属于哪一家航空公司？

❹ 密史脱拉风是沿着哪个河谷刮的？

❺ 布拉格位于哪条河的流域内？

❻ 英格兰内部最长的河流是什么？

❼ 哪两条河交汇形成了阿拉伯河？

❽ 谁是艾克和蒂娜·特纳合唱的歌曲《水深山高》的制作人？

❾ 河内位于哪条河的流域内？

❿ 哪条路从圣彼得堡的莫斯科火车站延伸到涅瓦河？

⓫ 尼日尔河注入哪里？

⓬ 约翰·布朗于1859年在哈珀斯渡口进行的突袭是南北战争期间的一场重要战役。哈珀斯渡口位于波托马克河和哪条河的交汇处？

⓭ 哪条河将加拿大的安大略省和美国的纽约州隔开？

⓮ 右边这幅画中，运送史蒂克斯河里的死者的船夫是谁？

运算符号

在下面的图形中，运算符号（＋、－、×、÷）被遗漏了。你的任务是还原它们的位置，从而得到图形中间的数字5。请从图形顶部的数字27开始沿顺时针方向计算，要使用所有运算符号，乘除优先的运算法则在这里不适用。

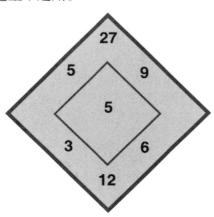

103. 美国电影

1 哪位歌手既演唱了1973年上映的由萨姆·佩金帕执导的电影《比利小子》的主题曲，也出演了该电影？

2 哪位女演员是电影《乱点鸳鸯谱》的主演？该电影的剧本是由她的丈夫写的。

3 在哪部电影中，鲁弗斯T.费尔弗莱是弗里多尼亚国的领袖？

4 电影《密西西比在燃烧》中的事件发生在与美国哪个大城市同名的小镇上？

5 克林特·伊斯特伍德在他主演的哪部电影中饰演了抢匪冲天炮？

6 谁是纪录片《科伦拜恩的保龄》的导演？

7 查理·卓别林出演的第一部电影是由哪家公司制作的？

8 由理查德·马西森担任编剧，史蒂文·斯皮尔伯格执导的电影的名字是什么？

9 在1944年上映的哪部电影中，彼得·洛尔饰演了爱因斯坦博士？

10 哪两位演员因1935年上映的电影《铁血船长》而成为好莱坞的"梦幻组合"，之后又一起拍了好几部电影？

三角谜题

你能发现下面这些数之间的规律并在问号处填上合适的数吗?

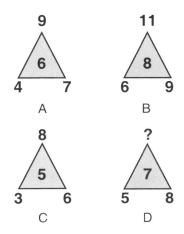

代表的数

你能算出下图的问号处应该填什么数吗?

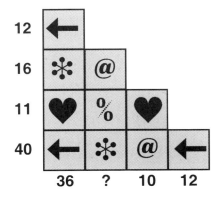

104. 俄罗斯

① 莫斯科的哪支足球队被秘密警察接管，球队的名称随后被东欧其他秘密警察运营的俱乐部使用？

② 哪部剧在圣彼得堡首演时惨遭失败，但第一次在莫斯科艺术剧院上映时取得了巨大的成功？

③ 1卢布等于100个什么货币单位？

④ 1905年，俄国哪艘船上的水手在黑海叛变了？

⑤ 萨沙是哪个俄语名字的简称或者说小名？

⑥ 圣彼得堡建在哪条河的上游？

⑦ 哪位苏联选手是1969年至1972年间的国际象棋世界冠军？

⑧ 位于西伯利亚铁路干线上以及鄂毕河上游的城市叫什么？

⑨ 俄罗斯最靠西的时区的时间叫什么？

⑩ 谁最初辅佐过伊凡雷帝，之后于1598年至1605年担任沙皇？他的统治发生在所谓的"混乱时代"，该时代随着1613年罗曼诺夫的即位而结束。

⑪ 斯大林格勒如今的名字是什么？

⑫ 第二次世界大战结束时谁是苏联外长？

⑬ 哪部根据斯坦尼斯拉夫·莱姆的小说改编的俄罗斯电影于2002年由好莱坞重新制作？

⑭ 寒温带针叶林又叫什么？

⓯ 下图中的要塞于1703年建立，是圣彼得堡最古老的建筑。这是什么建筑？

105. 综合（五）

1 在南美洲，哪三个国家被称为"ABC强国"？

2 仙影拳是什么类型的植物？

3 尤尔·伯连纳有着标志性的光头，他最初剃光头的原因是什么？

4 尼科西亚被哪条线或屏障分割为南北两半？

5 为动画形象"马古先生"配音的是谁？

6 为什么比利时在1582年没有过圣诞节？

7 IWW是一个20世纪初期建立的美国工会。它的全称是什么？

8 最大的老虎是什么虎？

9 科学怪人弗兰肯斯坦的名字是什么？

10 英国的快乐分裂乐队后来转变成了哪支乐队？

11 在哪部作品中我们可以读到犹大、布鲁图斯和卡修斯被冻在冰层里的情节？

12 肖恩·康纳利凭借哪部电影获得了他的唯一一个奥斯卡奖？

13 在福尔摩斯于1893年被"杀死"后，其"复活"后的第一个故事是哪一个？

14 格里高尔·萨姆沙某天早上醒来时发生了什么不可思议的事？

15 保罗·韦勒是哪支乐队的核心？

16 英法百年战争结束时，法国收复了除哪里以外的所有领土？

⑰ 进入河口水域，开始出现黑色素的鳗鱼（如下图所示）处于哪个发育阶段？

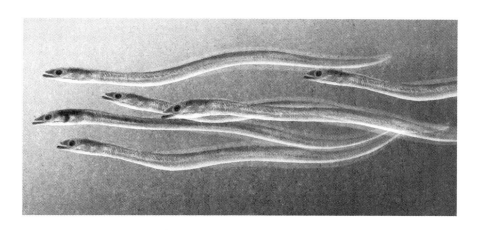

时间谜题

如何依次利用右边这四个指定的时间长度（将表顺时针或逆时针拨），使得时钟从A走到B？

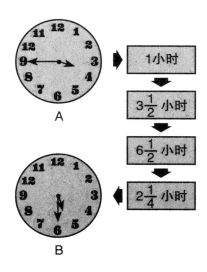

106. 食物（三）

1 为什么将鸡蛋放入水中就能判断其是否新鲜？

2 约克的哪条街在中世纪被肉商占领？那里也是《哈利·波特》系列小说中"对角巷"的取景地。

3 谁写了小说《屠场》？

4 哪个国家生产亚尔斯贝格奶酪？

5 小麦是哪个科的植物？

6 哪种肉的品牌名同时也是互联网中垃圾邮件的英文名称？

7 哪种产自法国南部的羊奶酪是在山洞中陈化的？

立方体谜题

下右的哪个立方体无法由下左的展开图拼成?

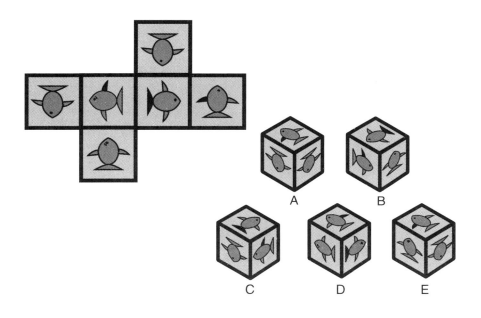

补全图案

你知道第四个正方形的图案应该是什么样的吗? 从下右的选项中选出正确的那个吧!

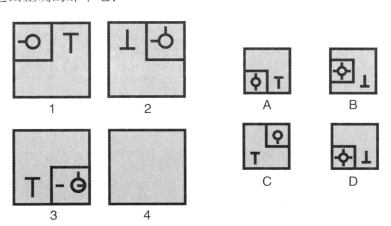

107. 世界城市

1 哪个城市以威廉四世的妻子的名字命名？

2 当古以色列分裂为北国以色列和南国犹大时，北国以色列的首都是哪个城市？

3 从1883年到1977年，东方快车连接哪两个城市？

4 印度的哪个城市在1984年发生了严重的化工事故？

5 谁通常被认为是盐湖城的开拓者？

6 伊朗的哪个城市在2003年遭受了大地震？

7 威尼斯圣马可广场上装饰的四匹马的雕像原来在哪个城市？

8 特拉维夫原本是哪个城市的郊区？

9 南美洲最大的城市是什么？

10 原版《大富翁》游戏里的街道是基于哪个小镇或城市的街道设计的？

11 萨赫蛋糕起源于哪个城市？

12 哪个城镇位于克朗代克河和育空河的交汇处？

13 哪个城市位于莱茵河和内卡河的交汇处？

14 歌曲《日升之屋》中的日升之屋在哪里？

15 哪个地区的人在阿根廷建立了马德林港？

16 右图中的这栋建筑（阿拉莫）在得克萨斯州的哪个城市？

108. 军用交通工具

❶ 哪位与拿破仑打过仗的普鲁士军事领袖拥有以他的名字命名的战列舰，不过这艘战列舰于1943年12月26日沉没了？

❷ 作为部队运输船的哪艘班轮在纽约沉没了？

❸ 二战期间，汉德利·佩奇设计的四引擎轰炸机被称为什么？

❹ 1953年，哪种飞机成为美国空军使用的第一种非美国设计的飞机？

❺ 凯瑟琳大帝的哪个顾问因为一艘战舰以他命名而闻名？

❻ B-17飞机（如下图所示）又叫什么名字？

❼ 欧洲战斗机又叫什么名字？

❽ 请说出三款V字轰炸机的名字。

9 英国皇家空军的第一架单翼战斗机是什么？

10 请说出最早进入英国皇家空军服役的两架喷气式飞机的名字。

11 在2010年神秘沉没的韩国海军舰船的名字是什么（该舰船与韩国的一个城市同名）？

代表的数

下图中的四种图案的三角形分别表示四个不同的10以下的数，每个正方形表示一次乘法运算。问号处应该填什么数？

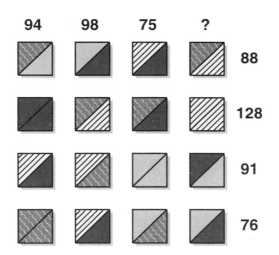

109. 文学（二）

1 卢·华莱士写了哪本著名的书？

2 乔治·桑的一部与冬天有关的小说与哪个地点有关？

3 杰尔姆·K·杰尔姆写的哪本小说讲述了三人在德国骑自行车度假的故事？

4 哪位作家在1809年以迪德里希·尼克博克为笔名写了他的第一部书？

5 格雷厄姆·格林的哪本书讲述了一个真空吸尘器推销员被误认为间谍的故事？

6 海明威写的一本与雪有关的书与哪个地点有关？

7 普希金在一个故事中把一座青铜骑士雕像写活了，那是谁的雕像？

8 皮埃尔·布勒是一位法国作家，他撰写了一本叫作《人猿星球》的书。由他的其他哪本书改编成的电影在1957年拍摄并由亚历克·吉尼斯担任主角？

9 西班牙中部相对贫瘠的高原地区（如右图所示）因1605年出版的一本书而闻名，这个地区叫什么？

三角谜题

下图中的问号处应该填什么数?

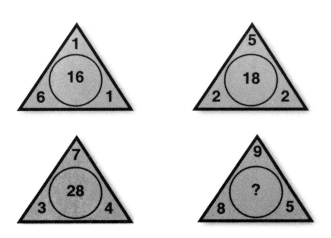

110. 水域

1 印度洋的风暴被称作什么？

2 在哪里能够乘坐一艘名为"雾中少女号"的船航行？

3 哪个海湾连接了红海和印度洋？

4 密西西比河的河道变化之后留下的沼泽区常被冠以什么名字？

5 20世纪60年代，美国在印度洋的重要海空军基地在哪里？

6 夏洛克·福尔摩斯消失在了哪个瀑布（如下图所示），且当时被认为已经死亡？

7 湄公河三角洲在哪个国家？

8 大奴湖在哪个国家？

9 "太平洋"这个名字是谁起的？

10 英国最大的人工水库是哪个水库？

11 位于印度洋的圣诞岛属于哪个国家？

12 英国大不列颠地区最大的湖泊是哪个？

13 连接印度洋和中国南海的哪个重要航道长约800千米？

轮盘谜题

你能找到下面这个轮盘中数之间的规律，并在问号处填上合适的数吗？

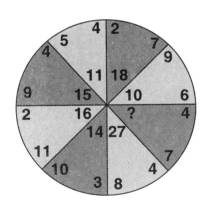

形状谜题

你能看出数字图形7的下面应该是哪个数吗？

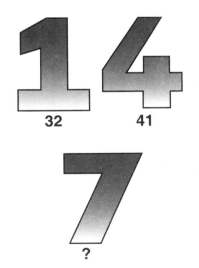

111. 岛屿（三）

1 挪威西海岸的强潮流叫什么？

2 哪座岛的名字同时也是一种编程语言的名字？

3 20世纪60年代，英军占领了哪座单方面宣布独立的岛屿？

4 哪座岛的位置大致在科西嘉岛和意大利之间？这座岛因为出现在大仲马的一部小说中而闻名。

5 杰拉尔德·达雷尔的自传《我的家人和其他动物》讲述了他童年在哪座小岛上发生的故事？

6 18世纪90年代，英国出兵参与镇压哪座岛屿上的奴隶起义（且最后镇压失败了）？

7 哪组群岛的名字据说与岛上有众多体型庞大的狗有关？

8 大约在1598年的时候，哪座岛以当时的荷兰最高行政官的名字命名？

9 第一次布匿战争的地点主要在哪座岛上？

10 布鲁克林的哪个地区的名称源自荷兰语，而且似乎与当地曾经有许多兔子有关？

11 如右图所示，小说《绿山墙的安妮》中的这一幕发生在加拿大的哪个省？

112. 德国

1 哪个城市被认为是德国最古老的城市之一，由罗马人在公元前16年建立，并且是卡尔·马克思的出生地？

2 沃尔夫斯堡以什么闻名？

3 奥伊彭的德语区位于哪个国家？

4 第一次世界大战后，大多数德国海军军舰在哪里被凿沉？

5 德国演员格特·弗罗贝饰演了哪个犯罪高手？

6 做大气压实验的奥托·冯·居里克是德国哪个城市的最高行政长官？

7 在德国哈茨采矿业盛行的地区经常能看到的哈茨·罗勒最初是指什么？

8 谁建造了第一辆在德国纽伦堡和菲尔特之间的铁路线上行驶的早期机车"阿德勒号"（如下图所示）？

离家多远？

观察下面这个奇怪的路牌。问号处的数应该是多少？

伊普斯威奇（Ipswich）	90km
爱丁堡（Edinburgh）	50km
加的夫（Cardiff）	30km
布里斯托尔（Bristol）	20km
阿伯丁（Aberdeen）	?km

网格挑战

你能看出下面这个网格的规律，并在问号处填上合适的表情符号吗？

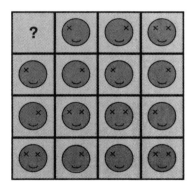

113. 个人运动

1 格特鲁德·埃德尔在1926年做了什么？

2 哪个体育赛事与德雷福斯事件有关？

3 个人混合泳的泳姿先后顺序是什么？

4 哪两位拳击手在1936年和1938年两度交手，两人各赢了一次，且第二场比赛是在扬基体育场举行的？

5 哪两个国家的自行车赛与环法自行车赛一起构成了欧洲自行车运动赛事的前三名？

6 在环法自行车赛中，谁可以穿着红白斑点衫？

7 1923年至1989年，在美国和英国之间进行的女子网球比赛叫什么？

8 哪个东德人在1984年和1988年冬季奥运会上都获得了花样滑冰女子单人滑项目的金牌？

9 铁人三项包含哪三个项目？

10 哪位滑冰运动员在1994年与托尼娅·哈丁发生了争端？

11 哪位英国自行车车手在1967年环法自行车赛中登旺图山时去世？

12 阿妮塔·朗斯伯勒是哪项运动的著名运动员？

13 滑冰者在原地旋转时通过将手臂收回来加快旋转速度的原理是什么？

14 哪位网球运动员在汉堡被一名观众刺伤？

与众不同

你能在以下两组数中分别找出与众不同的那个吗？

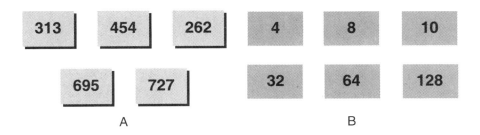

| 313 | 454 | 262 | | 4 | 8 | 10 |

| 695 | 727 | | | 32 | 64 | 128 |

A   B

114. 神话传说

1 吉尔伽美什是哪个文明的神话中的角色？

2 芬兰传说中的"死者之岛"的名字是什么？

3 在希腊神话中，谁筑起了直布罗陀海峡的岩石？

4 语录"一燕不成夏"源自何处？

5 在希腊神话中，人的灵魂喝了哪条河的水会忘记前世所有的事？

6 纪录片《白色荒野》讲述了哪种动物的故事？

7 谁击溃了格伦德尔的军队？

8 根据传说，谁迫使威廉·特尔去射他儿子头上的苹果？

9 在沃尔特·司各特的《艾凡赫》中，以罗宾汉为原型的故事人物是谁？

10 在北欧神话中，诸神的黄昏是指什么？

11 德国作家克莱门斯·布伦塔诺在他的小说《戈德维》中创造了哪个传说中的人物？

12 哪本书中的故事出现在《赫格斯特红书》和《赖泽赫白书》中？

115. 电影导演

❶ 由谢尔盖·艾森斯坦执导的，于1938年上映的哪部电影涉及一个1242年发生的事件？

❷ 影片《小孩与鹰》的导演是谁？

❸ 哪位电影制片人在98岁时遭遇直升机事故但幸存了下来，并于2002年庆祝了自己的100岁生日？

❹ 由塞尔焦·莱昂内执导的，于1964年上映的是哪部电影？

❺ 谁在1956年制作了有关水下世界的电影《沉默的世界》？

❻ 由罗马尼亚的拉杜·米赫罗执导的，于2009年上映的电影《音乐会》中主要用了哪两种语言？

❼ 谁是电影《斯巴达克斯》的导演？

❽ 由彼得·奥图尔和彼得·芬奇主演的电影《历劫孤星》的导演是谁？

❾ 基耶斯洛夫斯基的电影三部曲是用哪三种颜色命名的？

❿ 由罗伯特·维内执导的，被称为德国表现主义诞生的重要标志的是哪部电影？

116. 美国（三）

1 罗格斯大学是美国哪个州的州立大学？

2 谁在1978年自己32岁的时候成为自己所在的美国的州的最年轻的州长？

3 请列举两个在南北战争中与北方的美利坚合众国联手抗击南方美利坚联盟国的当时仍保有奴隶制度的州。

4 南北战争时期，哪个州率先宣布脱离联邦？

5 猫王出生于美国的哪个州？

6 在《草原上的小木屋》一书中，主人公一家搬到了美国的哪个州？

7 加尔维斯顿位于美国的哪个州？

8 1971年至1979年，谁担任了亚拉巴马州州长一职？

9 加入美国联邦的第十四个州是哪个州？

10 奥扎克族印第安人生活在美国的哪个州？

11 道奇城在美国的哪个州？

12 纽约喷气机队和纽约巨人队是美国哪个州的队伍？

13 右图所示的雕像位于美国的哪个州？

代表的数

下图中的每种图案都代表一个数,你能看出问号处的数应该是什么吗?

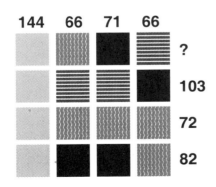

三角谜题

下面的这些三角形中间和周围的数是遵循一定的规律排列的,你能看出问号处的数应该是什么吗?

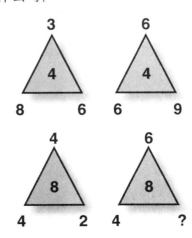

117. 茶歇

1 哪种类型的茶有佛手柑的味道？

2 庞蒂弗拉克特甜饼是由什么制成的？

3 哪种咖啡因其泡沫状的奶盖看起来像修道士所穿的长袍而得名？

4 星巴克咖啡店是根据哪本书中的人物命名的？

5 因马塞尔·普鲁斯特而出名的蛋糕叫什么？

6 哪些人被英国人从印度引入锡兰，目的是为茶园工作？

7 哪个距圣保罗约80千米的港口是世界主要的咖啡出口港？

8 18世纪30年代，巴赫写了一首以哪种饮料命名的大合唱曲子？

立方体谜题

以下哪个选项中的立方体可以用下面这个展开图拼成？

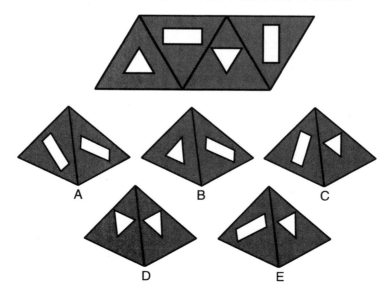

时钟谜题

请看下面这些奇怪的数字时钟。你能看出它们所显示的时间之间的联系，并说出第五个时钟应该显示什么时间吗？

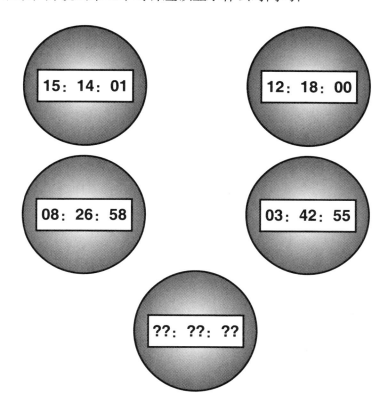

118. 发现与发明

❶ 哪个元素于地球上被发现之前，就已经在1868年的一次太阳观测活动中被发现了？

❷ 谁第一个发现了气体的可压缩性与其速度没有直接关系，而与它和音速之间的关系有关？

❸ 巴纳姆·布朗在1902年发现了哪种恐龙的骨骸？

❹ 托马斯·杨和让·弗朗索瓦·商博良针对1799年发现的哪个物体展开了研究？

❺ 哪个城市大约于公元前3世纪建成，是印度河流域文明的重要城市，其遗址于20世纪20年代被发现？

❻ 哪种威力强大的爆炸物在阿尔弗雷德·诺贝尔将其用于制造炸药之前没有被广泛使用？

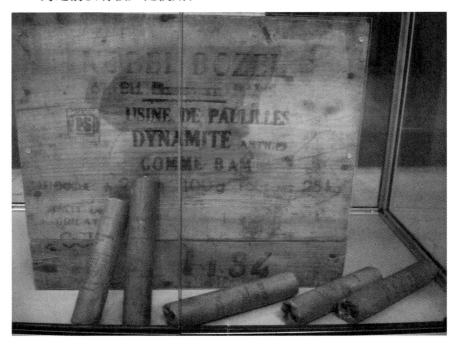

7 沙门氏菌是如何得名的？

8 谁发现了一氧化二氮有消除身体痛觉的特性？

9 特雷弗·贝利斯的哪项发明在非洲等地区受到广泛欢迎？

10 印在奥地利纸币上的埃尔温·薛定谔是哪个领域的先驱？

11 哪位英国发明家获得了白炽灯的专利权，并因此与爱迪生发生了纠纷？

12 谁是《天体运行论》一书的作者，且该书在作者临终前才出版？

13 分子间非定向的无饱和性的弱相互作用力是以阿姆斯特丹大学的哪位物理学教授的名字命名的？

与众不同

以下两组数中，哪两个数与众不同？

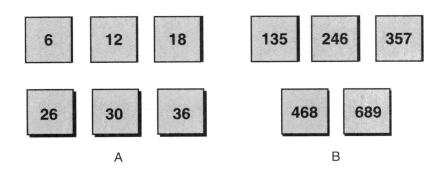

A

B

119. 道路与汽车

❶ 2009年，哪座太平洋小岛的行车方向由靠右行驶改为靠左行驶？

❷ 哪个汽车品牌是以美国底特律城的创始人的名字命名的？

❸ 哪个城市有一条叫作马雷贡的数千米长的海滨大道？

❹ 俄克拉荷马州一家铆工厂的一名工人在1974年的一次离奇车祸中丧生，他是谁？

❺ 莫里斯汽车公司的跑车品牌叫什么名字？

❻ 哪个汽车公司第一个推出了现代安全带？

❼ 哪个公司拥有斯柯达汽车公司？

❽ 哪个乐队的一张畅销专辑据说是为了科隆和波恩之间的A555高速公路而创作的？

❾ 哪个汽车公司是由奥古斯特·霍希创建的？

方形谜题

你能发现下面这些数之间的逻辑关系并在问号处填上合适的数吗？

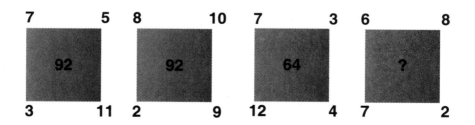

120. 综合（六）

❶ 1930年，埃米·约翰逊从英格兰飞往澳大利亚时驾驶的是什么类型的飞机？

❷ 斯大林的母亲希望斯大林从事什么职业？

❸ 哪条河被其流经的其中一个国家称为哈弗伦河？

❹ 哪个国家是唯一出现在联合国"最不发达国家"名单中的美洲国家？

❺ 曾经被丹麦占领的阿尔托纳目前是哪个城市的一部分？

❻ 带状疱疹是由哪种病毒引起的？

❼ 米特福德六姐妹中的哪一个与奥斯瓦尔德·莫斯利结婚了？

❽ 什么音符的音长是四分音符的四倍？

❾ 为什么澳大利亚最高的山是以一个波兰人的名字命名的？

❿ 哪个英国童话中的动物角色被狐狸骗去收集做调料的原材料？

⓫ 偏执狂机器人（英国科幻小说《银河系漫游指南》中的一个角色）的名字是什么？

⓬ 在什么运动中会用到"西西里防御"？

121. 战役

1 博罗季诺战役发生在现在的哪个国家？

2 美国独立战争的最后一战是哪场战役？

3 布伦海姆之战是在哪场战争中进行的？

4 在公元前31年的哪一场战役中，马克·安东尼被屋大维击败了？

5 哪个国家输掉了对马之战？

6 在美国南北战争中，南部联盟军将两次布尔河战役称为什么？

7 哪位爱尔兰国王赢得了1014年的克朗塔夫战役？

8 有两次战役的名称是相同的，其中一次是在阿拉伯军队与法兰克军队之间进行的，另一次是在英法百年战争期间进行的。这两次战役的名称是什么？

9 哈罗德的兄弟背叛了哈罗德并在斯坦福桥战役中被杀，这位兄弟是谁？

10 公元前422年的安菲波利斯战役是在哪两方之间进行的？

11 哪位普鲁士将军在1815年的利格尼战役中被击败，但在滑铁卢战役中发挥了重要作用？

12 哪一场发生于1054年的苏格兰战役导致了君主的更迭？

13 特拉法尔加海战的前一天，法国人在哪个巴伐利亚城镇接受了奥地利军队的投降？

14 米尔维安大桥战役中，谁在击败马克森提乌斯之前看到了幻象？

⑮ 第一次世界大战期间，在意奥边境进行的12场战役的名字源自哪条河？这些战役成了海明威的著作《永别了，武器》的故事背景。

⑯ 扎马之战发生于哪场战争中？

⑰ 美国南北战争期间，哪位将军（如下图所示）在钱斯勒斯维尔战役中被自己的部队误伤并最终去世？

122. 非洲（二）

❶ 2000年，谁被英国广播公司（BBC）评为"非洲千年人物"？

❷ 澳大利亚昆士兰州的哪个城市与一个位于西非的前英国殖民地同名？

❸ 请说出尼日利亚的三个主要民族中的任意一个。

❹ 哪个非洲国家被当地人称为阿扎尼亚？

❺ 1960年，在刚果独立几天后，刚果的哪个地区宣布独立？

❻ 1860年，南非共和国（德兰士瓦共和国）的首都在哪？

❼ 哪位葡萄牙人在1544年访问了现今的莫桑比克，且莫桑比克的首都曾经以他的名字命名？

❽ 地跨埃塞俄比亚和厄立特里亚两国的低洼地区（其中一部分低于海平面）叫什么名字？

❾ 波利萨瑞欧阵线为哪片土地的独立而战？

❿ 哪一家公司由埃内斯特·奥本海默创立，是世界领先的矿业和资源集团？

⓫ 19世纪末，法绍达发生了一场参与双方为英法两国的冲突。法绍达位于哪个国家？

⓬ 哪个国家现在有时被称为"彩虹之国"？

⓭ 如右图所示，第一颗X射线天文卫星的名称是什么？

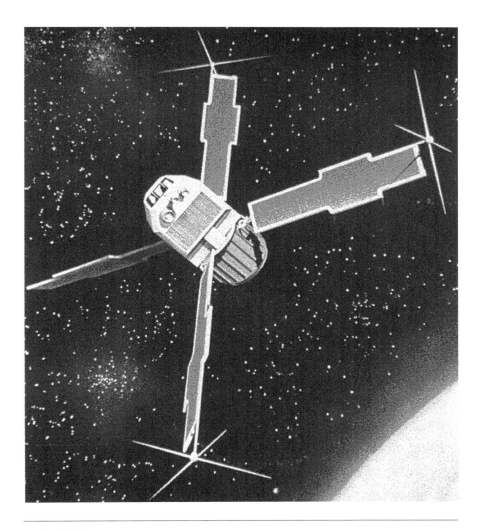

三角谜题

请观察前两个三角形中的数的规律，然后说出第三个三角形的问号处应该填哪些数。

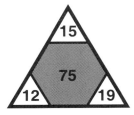 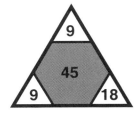 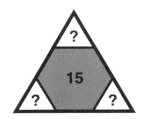

123. 蜥形纲与爬行纲

① 哪种动物的英文名来源于西班牙语中的"蜥蜴"？

② 哪种动物的英文名来源于希腊语中的"地上的狮子"？

③ 世界上最大的蜥蜴是什么？

④ 希克苏鲁伯是目前许多人认为的导致恐龙灭绝的陨石撞击地点，它在哪个国家？

⑤ 科米蛙（《大青蛙布偶秀》中的角色）的侄子叫什么名字？

⑥ 现存的世界上最大的爬行动物是什么？

⑦ 世界上仅有的两种毒蜥蜴中的一种生活在美国西南部和墨西哥西北部的沙漠中，它叫什么？

⑧ 现在被称作迷惑龙的恐龙以前被称作什么？

星星谜题

请用六条线段将右边的图分成七部分，使每部分中包含的星星数量分别是1颗、2颗、3颗、4颗、5颗、6颗、7颗，要求每条线段至少接触正方形的一条边。

124. 首字母缩写词

❶ 在计算机领域，ASCII代表什么？

❷ "NICE时期"指的是什么？

❸ 在养老金领域，AVC代表什么？

❹ K–FOR中的"K"代表什么？

❺ 在图书馆中，OPAC指什么？

❻ CCD代表什么？

❼ 在计算机领域，USB电缆中的缩写USB代表什么？

❽ 在银行业务中，ATM的全称是什么？

❾ VHS代表什么？

❿ pH值中的"pH"指什么？

⓫ FIFA的全称是什么？

扇形谜题

下图中，不同颜色的扇形代表的数为3个连续的10以内的数。白色扇形代表的数是7，所有扇形代表的数的总和为49。灰色和黑色的扇形分别代表什么数？

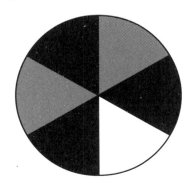

125. 各国领导人

① 谁是魏玛共和国的第二任总统？

② 谁在拿破仑三世入侵墨西哥时担任墨西哥总统？

③ 道格拉斯·海德是哪个国家的第一任总统？

④ 哪个国家曾有一位总统姓萨尔内？

⑤ 以色列前总理果尔达·梅厄出生在如今的哪个国家？

⑥ 庇隆政府于1976年因军事政变被推翻，时任总统的名字是什么？

⑦ 谁是法兰西第二共和国的第一任总统？

⑧ 在哪个国家第一次出现了女性国家元首的继任者也是一个女人的情况？

⑨ 谁在1997年当选为利比里亚总统？

⑩ 塔利班在1996年处决了阿富汗的哪位总统？

⑪ 谁是塞浦路斯第一任总统，其任期一直延续至1974年（后曾复任总统）？

⑫ 格氏斑马（细纹斑马）为人们所熟识与右图中的人物有关。他担任过什么职位？

轮盘谜题

　　下面这个轮盘中两个问号的位置分别应该填什么数?

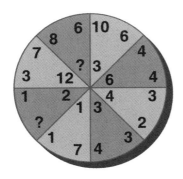

图案谜题

　　下图中的哪两个方格中含有类似的图案?

126. 新闻业

❶ 斯科特担任英国哪份报纸的主编的时间长达57年？

❷ 布鲁斯·伊斯梅因为什么被英国多份报纸猛烈抨击？

❸ 哪份报纸创办于1912年，并于1923年被英国工党购入？

❹ 哪位政治人物是《新报》的主要股东？

❺ 在伊夫林·沃的小说《独家新闻》中，威廉·布特从事什么工作？

❻ 谁被英国《私家侦探》杂志称为"活跃的捷克人"？

❼ 哪份英国日报与描述太阳系一个特定行星的术语同名？

❽ 请说出2003年因提交虚假报道而被《纽约时报》解雇的记者的名字。

❾ 哪位媒体大亨在南威尔士购买了圣多纳特城堡？

❿ 《卫报》是什么时候创立的，那时候它的名字是什么？

⓫ 在《莱茵报》（如右图所示）于1843年被普鲁士政府查封时，谁是该报的主编？

拼起来

　　哪个选项中的图形可以和下面的这个图形组合在一起，从而拼出一个完整的菱形？

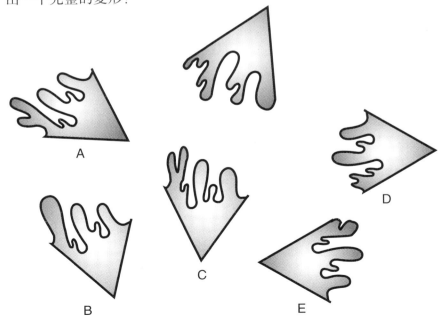

127. 作家（二）

1 《西线无战事》一书的作者是谁？

2 哪位作家是托马斯·曼的哥哥？

3 本名为阿列克谢·佩什科夫的作家采用了什么笔名？

4 哪位出生在爱尔兰的作家曾是演员亨利·欧文的秘书，并与他一起参与了兰心剧院的管理工作？

5 《歌剧魅影》原作小说的作者是谁？

6 西蒙娜·德·波伏娃是哪位作家的伴侣？

7 与诺拉·巴纳克尔有关系的作家是谁？

8 《小就是美》一书的作者是谁？

9 哪位作家的父亲是一个黑人女奴的儿子，后来晋升为法国陆军将军？

10 哪位比利时作家于20世纪30年代创作出了让自己名声大噪的神探形象，后来宣布放弃这一系列作品的写作？

11 《猩红色的繁笺花》的编剧的出生地是哪里？

12 右边的这幅插图来自《美国鸟类》一书，该书创作于1827年。请说出它的作者的名字。

128. 戏剧（二）

❶ 《西方世界的花花公子》这部喜剧的故事发生在哪个国家？

❷ 娜拉·海尔茂是哪部易卜生创作的戏剧的女主角？

❸ 在戏剧《丹东之死》中，谁是"来自阿拉斯的律师"？

❹ 迈克尔·弗雷恩的戏剧《哥本哈根》涉及哪个理论？

❺ 萧伯纳改编了哪个关于一个奴隶与一只野生动物之间的友谊的故事？

❻ 谁创作了戏剧《诺曼征服记》？

❼ 在贝托尔特·布雷希特的戏剧《伽利略传》中，谁被称为"被烧死的人"？

❽ 音乐剧《雪城双兄弟》是基于哪一部戏剧改编的？

❾ 在皮埃尔·高乃依的戏剧《熙德》中，熙德的父亲叫什么名字？

❿ 《费加罗报》的座右铭出自哪位剧作家（如右图所示）的作品？

火柴谜题

请从下图中取走四根火柴，使得剩下的图案中有八个小矩形。

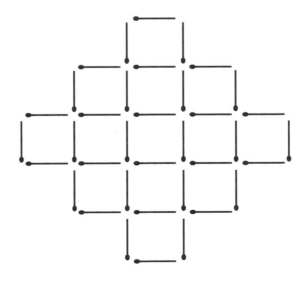

129. 颜色

❶ 哪种生物最小的种类叫"小蓝"，而最大的种类的名字中带有"帝"这个字？

❷ 金黄地鼠原产于哪个国家？

❸ 里奇·布莱克莫尔离开深紫乐团之后组建了哪支乐队？

❹ 纽卡斯尔的一根纪念柱的顶端有谁的雕像？该雕像用来纪念他对英国通过《1832年改革法案》的贡献。

❺ 在影片《粉红豹》中，谁是盗取了粉红豹钻石、被定罪并被监禁的"幽灵"？

❻ 白香肠是哪个国家的有代表性的食物？

❼ 英法百年战争中的著名指挥官"黑太子"叫什么名字？

❽ 马琳·黛德丽在《蓝天使》中扮演了什么角色（如下图所示）？

题集8

130. 测试你的智商

门萨使用一系列经过认证的标准化智商测试题来对申请人的智商进行测试和分析。我们格外谨慎地确保这些测试题都是标准化的。智商测试的题通常以推理题为主。你将在本题集中看到的测试题与智商测试中的题类似。

做这些题的首要目的当然是开心。此外，如果你还不是门萨会员的话，那么为什么不先试着做一下下面这些测试题，来预估一下自己在真正的智商测试中会有怎样的表现呢？

图案选择

观察图案1和图案2，寻找它们之间的规律，然后按此规律从选项A至E中选出与图案3相匹配的图案。

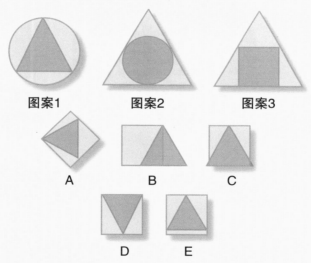

缺失的数

观察下面的三角形中的数，在问号处填上恰当的数。

隐藏的图案

请将下面网格中的单元格涂上颜色。每一行和每一列中连续涂色单元格的个数由该行或列外的数决定。同一行或同一列中不连续的涂色单元之间至少由一个没有涂色的单元格隔开。涂完色后，你会看到一个图案。

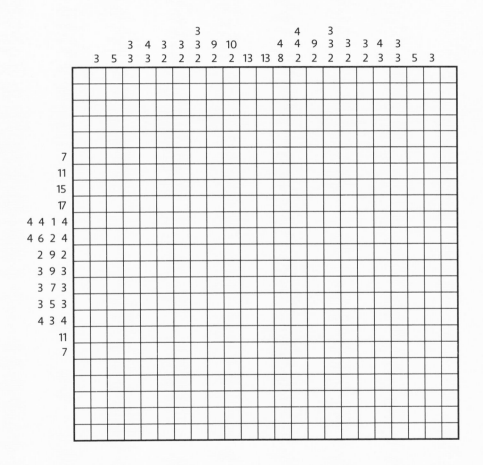

参考答案见第261页   243

数独挑战

请将下面的网格填写完整，使得每一行、每一列和每个3×3的方格中都包含1~9这九个数字，且每个数字仅出现一次。

	3				5	8	9	
	8			4				
					7		5	2
		5					6	
4				6				1
	2					4		
2	6		8					
				1			8	
	4	8	9				3	

数谜

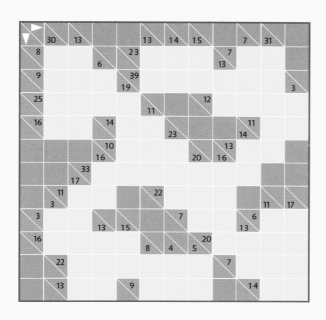

请在左边的网格中填入数字1～9，使每个连续的水平或竖直的浅色单元格序列中数的和为该序列左侧或上方所示的数。注意，在一个序列中不能填入重复的数。

平衡谜题

想要使天平平衡，问号的位置应该填上什么数？

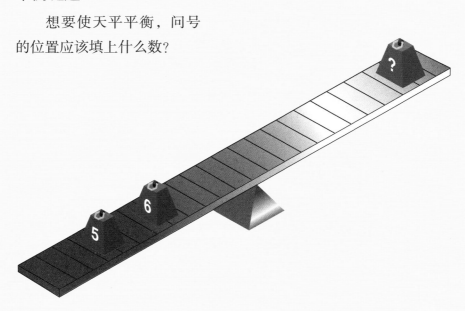

运算符号

请在数之间的空缺处填上加号、减号、乘号或除号以使等式成立。乘除优先的运算法则在这里不适用，按从左到右的顺序运算即可。

三角谜题

请用11条线段将下面的图形划分为八部分，使每部分各包含9个三角形，且每种方向的三角形至少有一个。

立方体谜题

在选项A至E中，哪个立方体不能由下面的展开图拼成?

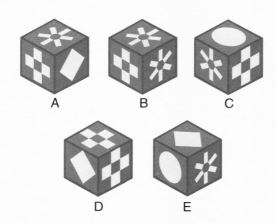

图案选择

观察图案1和图案2，寻找它们之间的规律，然后按规律从选项A至E中选出与图案3相匹配的图案。

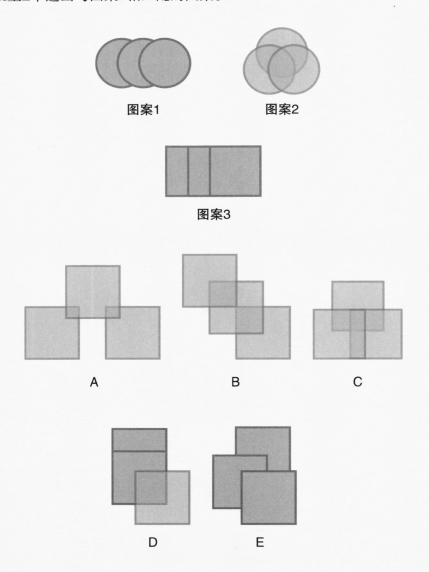

图案1   图案2

图案3

A   B   C

D   E

纵横数谜

请将合适的数填入下面的网格中。

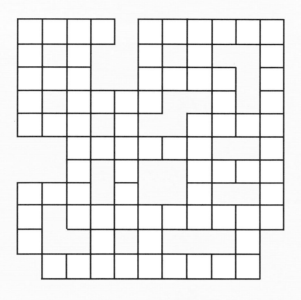

3位数	4位数	6位数
187	1662	862098
434	2599	902091
471	5917	907063
478	7424	
495	8113	9位数
792	9879	371837789
814		541484449
851	5位数	625278445
875	16871	818354914
	88584	

战舰追踪

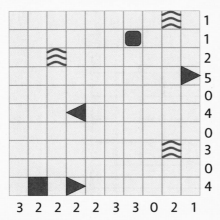

左边的网格中隐藏了10艘战舰，其中4艘战舰各占一个单元格，3艘各占两个单元格，两艘各占3个单元格，1艘占4个单元格。战舰是水平或竖直放置的。任何两艘战舰都不彼此相邻，包括对角线。每行和每列网格边上的数字显示了该行或列中被战舰占据的单元格的总数。请确定10艘战舰的确切位置。部分战舰的一部分以及没有被占据的位置（用曲线表示）已经标注在网格中。

代表的数

在下面的网格中，每种形状代表的数分别是多少？

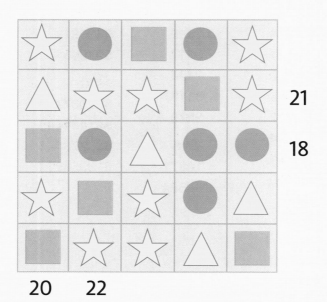

箭头方向

在右图的各个方格中，箭头表示前进的方向，方格中的数表示该方格在正确移动顺序中的次序。请从左上角移动到右下角，要求必须经过每个方格且每个方格只能经过一次。

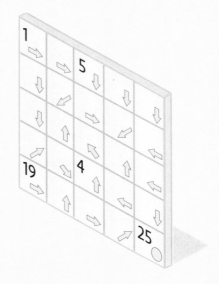

数字谜题

问号处应该填什么数？

轮盘谜题

问号处应该填什么数？

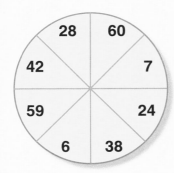

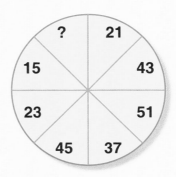

与众不同

图形A至E中，哪一个与众不同？

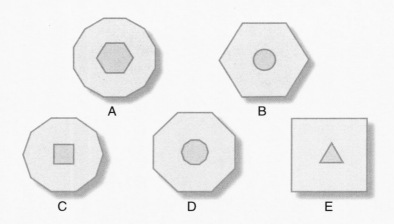

缺失的数

问号处应该填哪几个数？

4	1	3	2	0	6
9	5	8	5	4	4
6	5	4	**?**	**?**	**?**

时间谜题

观察下面这个由时间组成的序列，想一想第二个时间应该是什么时间。

8:40   **?**   2:10   1:05

运算符号

请在数之间的空白处填上加号、减号、乘号或除号以使等式成立。乘除优先的运算法则在这里不适用，按从左到右的顺序运算即可。

缺失的数

问号处应该填什么数？

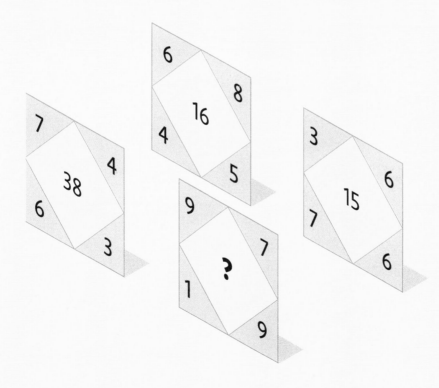

数独挑战

		3					2	4
	2	4			3	5		6
				4				
		6	2				9	3
2			1		3			5
	3	5			9	6		
					6			
	6		9	7			3	1
	9	2				8		

请将左边的网格填写完整，使得每一行、每一列和每个3×3的方格中都包括1～9这9个数字，且每个数字只出现一次。

战舰追踪

右边的网格中隐藏了10艘战舰，其中4艘战舰各占一个单元格，3艘各占两个单元格，两艘各占3个单元格，还有1艘占4个单元格。战舰是水平或竖直放置的。任何两艘战舰都不彼此相邻，包括对角线。每行和每列网格边上的数字显示了该行或列中被战舰占据的单元格的总数。请确定10艘战舰的确切位置。部分战舰的一部分已经标注在网格中。

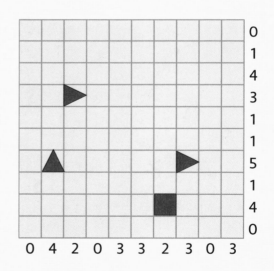

代表的数

在下面的网格中，每个图形代表的数分别是多少？

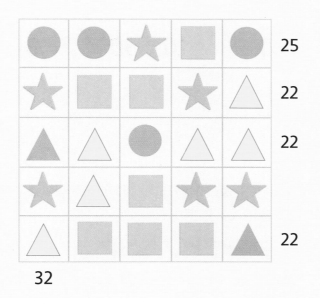

立方体谜题

选项A至E中的哪个立方体能用下右的展开图拼成？

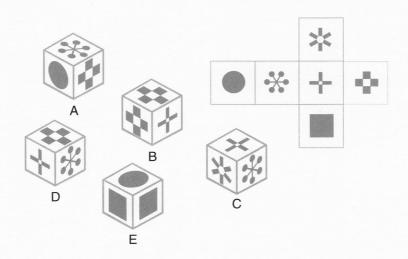

时间谜题

观察下面这个由时间组成的序列，想一想最后一个时间应该是什么时间。

12: 40   10: 30   8: 10

5: 40   ?

方形谜题

请用4条线段将下面的图形分成六部分，使每部分各包含16个正方形，且每种颜色的正方形至少有一个。

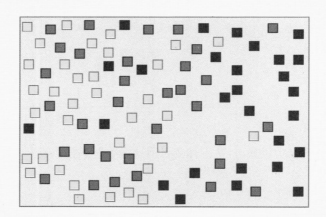

缺失的数

问号处应该填什么数？

数谜

请在下面的网格中填入数字1~9，使每个连续的水平或竖直的浅色单元格序列中数的和为该序列左侧或上方所示的数。注意，在一个序列中不能填入重复的数。

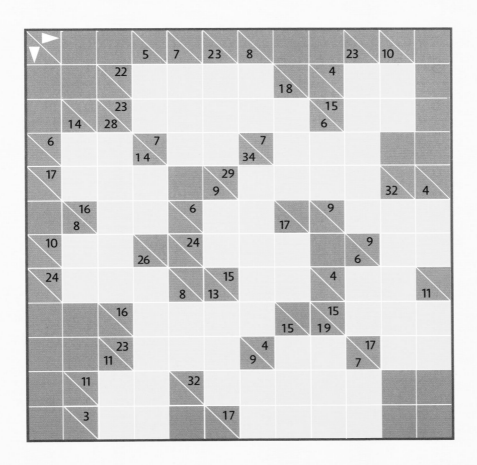

多米诺谜题

下面的网格显示了一整套多米诺骨牌上的数，每张多米诺骨牌都是由两个个位数组成的。这些多米诺骨牌被拼成了一个实心矩形。请在网格中圈出每张多米诺骨牌的位置。

5	3	3	5	9	2	0	7	4	1	4
6	4	6	9	5	8	2	1	4	6	4
7	1	8	7	2	2	7	3	5	6	9
8	6	8	3	2	0	0	1	5	9	4
8	8	2	0	8	9	6	2	5	3	2
3	5	7	4	6	0	6	2	3	9	7
3	0	9	1	9	3	1	3	6	6	1
5	0	4	1	0	6	8	0	7	3	8
2	7	7	0	1	0	4	7	4	8	2
5	1	7	5	9	1	4	5	9	9	8

金字塔立方体

在下面这些立方体中，有两个立方体的其中一个面是相同的，找出这两个立方体。

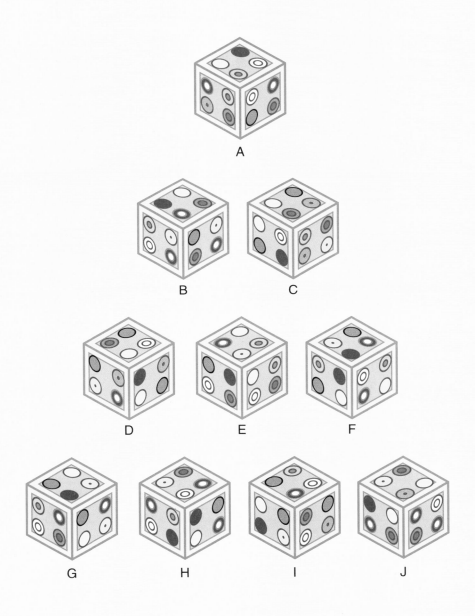

缺失的数

请完成下面的网格，使显示的每个数字成为一组水平或竖直连接的单元格的一部分。每组单元格中单元格的数量必须与单元格中显示的数字相同。例如：数字"2"表示这个单元格属于一个有两个单元格的组。任意两个数量相同（编号相同）的单元格组都不会共享边界。每个单元格组已经至少显示了一个数字。

	4	2	3						2
			8		4	4			8
	2	8				7	7	8	
			8	5				7	
	2	9				7		9	
4	4							8	
6								7	
		5	5	3	7			2	4
4	4		5		2				
				2					5

题集8参考答案

图案选择

E。

缺失的数

$11 + 10 - 8 = 13$。

隐藏的图案

数独挑战

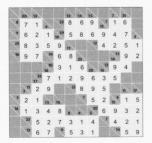

数谜

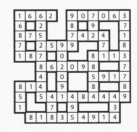

平衡谜题

（$5 \times 6 + 8 \times 5$）$\div 10 = 7$。

运算符号

$28 + 38 - 41 \div 5 + 6 \times 5 = 55$

三角谜题

下面是答案的一种。

立方体谜题

C。

图案选择

C。

纵横数谜

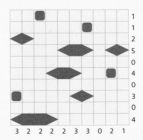

战舰追踪

代表的数

▲ = 2，■ = 4，

● = 4，★ = 5。

箭头方向

1 →	11 →	5 ↓	2 ↓	12 ↓
8 ↓	17 ↓	6 ↓	15 ↓	7 ←
18 ↓	10 ↑	16 ↑	14 ↖	13 ←
9 ↗	21 ↓	4 ↑	3 ←	24 ↓
19 ↑	20 ↑	22 →	23 ↗	25 ●

数字谜题

56。序列中的第n个数的值为$n^2 + n$。

轮盘谜题

29。每个扇形中的数与其相对的扇形中数的和为66，因此$66 - 37 = 29$。

与众不同

D。只有选项D内部形状的边数超过了外部形状的边数。

缺失的数

0，0，4。规律是最后一行中的数是其所在列第一行和第二行的数乘积的个位数字。

时间谜题

4：20。

运算符号

$20 + 1 \times 23 \div 7 - 16 \times 20 \div 4 = 265$

缺失的数

2。规律是左上角的数×左下角的数－右上角的数＝中间的数。

数独挑战

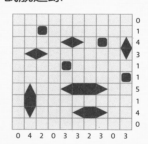

战舰追踪

代表的数

▲ = 2，■ = 3，● = 5，

★ = 7，▲ = 11。

立方体谜题

C。

时间谜题

3：00。第二个时间相比于第一个回调了130分钟，之后每次都比前一次再多回调10分钟。

方形谜题

下面是答案的一种。

缺失的数

144。这些三角形中的数按照一定顺序组成斐波那契数列，具体顺序是中间三角形的顶角、左边三角形的顶角、右边三角形的顶角、中间三角形的左边角、左边三角形的左边角……依此类推。

数谜

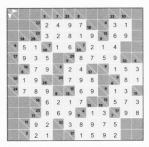

多米诺谜题

5	3	3	5	9	2	0	7	4	1	4
6	1	4	5	4	9	5	2	1	4	6
7	1	2	8	7	2	2	7	3	5	3
4	6	9	6	3	3	2	0	0	5	4
8	8	2	0	8	9	6	2	5	3	2
3	5	7	4	6	0	6	2	6	3	9
5	0	4	0	1	0	6	8	0	7	3	8
2	7	0	1	0	4	7	4	8	2
5	1	7	5	9	1	4	5	9	9	8

金字塔立方体

B（顶面）和J（左面）。

缺失的数

4	4	2	3	3	3	4	4	2	2
4	4	2	8	8	4	4	7	8	8
2	2	8	8	5	5	7	7	8	8
8	8	8	8	5	5	7	7	7	8
2	2	9	9	9	5	7	9	9	8
4	4	4	4	9	9	9	9	8	8
6	6	6	6	3	7	7	7	7	7
6	6	5	5	3	7	7	2	2	4
4	4	5	5	3	2	2	4	4	4
4	4	5	2	2	5	5	5	5	5

题集9

131. 宇航员（二）

❶ 一位爱尔兰革命家和一位参与了阿波罗计划的宇航员有一个共同的名字。这个名字是什么？

❷ 除了詹姆斯·洛弗尔，请说出其他两位阿波罗13号正式成员中的任意一位。

❸ 谁是阿波罗14号的指令长？

❹ 作为对苏联人造卫星斯普特尼克1号的回应，美国也发射了专用的运载火箭用于将卫星送入地球外太空轨道。这个专用运载火箭叫什么名字？

❺ 哪艘载人宇宙飞船在返回地球的过程中发生了事故，导致三名苏联宇航员丧生？

❻ 在1968年的哪个时间段，阿波罗8号进行了绕月飞行？

❼ 哪艘火箭为阿波罗11号进入太空提供了动力？

8 阿波罗11号在月球的哪里登陆？

9 谁是第一个在太空行走的人？

10 维吉尔·格里索姆、爱德华·怀特、罗杰·查菲在哪艘宇宙飞船中不幸丧生？

11 苏联宇航员安德里扬·尼古拉耶夫的第一任妻子是谁？

12 请说出当双子座8号失控时面临极大危险的两位宇航员中的任意一位。

13 阿波罗18号执行了什么样的任务（与月球无关）？

14 请说出阿波罗10号拆分成两个航天器后所采用的两个名称中的任意一个。

15 谁是不幸爆炸了的挑战者号航天飞机的机长？

与众不同

下面的图形中，哪一个与众不同？

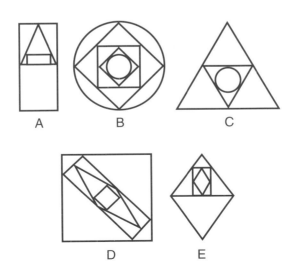

A   B   C

D   E

132. 桥梁

1 谁设计了梅奈悬索桥？

2 盟军在第二次世界大战时发动的市场花园行动最终宣告失败，但是在行动过程中，盟军成功占领了位于奈梅亨的哪座桥？

3 佛罗伦萨最古老的桥是哪座？

4 下图所示的是厄勒海峡大桥，它连接了哪两个国家？

5 在纽约马拉松比赛中，跑步者穿过的第一座桥是哪座？

6 在哪里可以找到半便士桥？

7 达·芬奇为加拉塔大桥拟定了设计方案，米开朗琪罗也被邀请设计这座桥。加拉塔大桥横跨哪片水域？

8 塔科马海峡大桥因1940年发生的什么事件而闻名？

与众不同

在下面的选项中，为什么选项D与众不同？

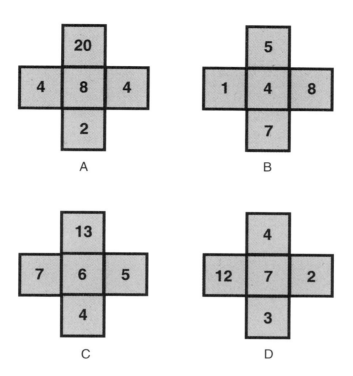

133. 科学（二）

1 哪位科学家提出了在定量定温下，理想气体的体积与气体的压强成反比的定律？

2 法拉第最初是英国皇家科学院中哪位科学家的助手？

3 瑞士物理学家约翰·巴尔默在19世纪80年代研究了哪种物质的光谱，从而建立了巴尔默公式？

4 "站在巨人的肩膀上"这个短语与艾萨克·牛顿有关。英国人在日常生活中会在哪里看到这个短语？

5 哪一位物理学家（如下图所示）在被杀害之前是使用X射线观察和测量原子结构的先驱？

6 爱因斯坦是在哪个城市上的大学？

7 本杰明·亨茨曼在1740年发明了哪种钢铁工艺？

8 能量守恒定律与热力学中的哪个定律的表达是一致的？

9 请说出制定光盘红皮书标准的两家公司的名字。

10 伽利略在威尼斯的哪所大学任教？

11 出生于1867年的玛丽亚·斯克洛多夫斯基闻名于哪些领域？

图案谜题

观察下面第一行的四个正方形，找出规律，从选项A至E中找出符合这个规律的下一个正方形。

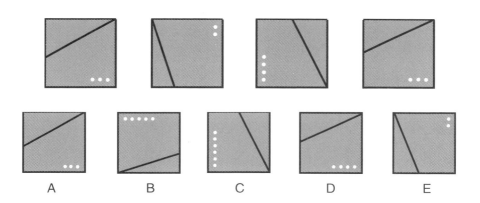

A   B   C   D   E

134. 乐器

1 哪种传统乐器是用白蚁挖空的木材制成的？

2 巴赛管具体是哪种类型的乐器（比"木管乐器"更具体）？

3 随着乐团的兴起，哪种早期乐器的受欢迎程度有所下降，但在20世纪因为阿诺德·多尔梅奇的努力而又兴起了？

4 黑色钢琴键大多是用哪种木头制成的？

5 琉特琴属的哪一种乐器具有三角形的琴身，而且源自中亚的冬不拉琴？

6 在传统的英国铜管乐队中，哪种乐器使用得最多？它在古典管弦乐团中被小号所取代。

7 尤克里里琴盛行于哪个地方？

8 在管弦乐队中，唯一一种无弓的弦乐器是什么？

9 霍纳公司主要生产哪两种乐器？

10 现今的哪一种乐器是由萨克布号（一种中世纪乐器）演变而来的？

11 右图中的乐器叫什么名字？它属于哪种类型的乐器？

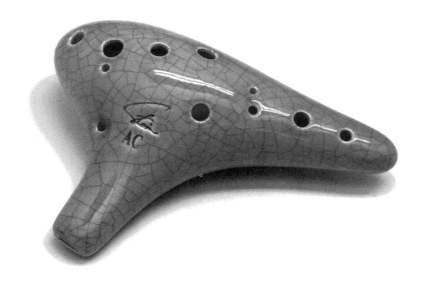

立方体谜题

下面的选项中，哪个立方体可以由下左这个展开图拼成？

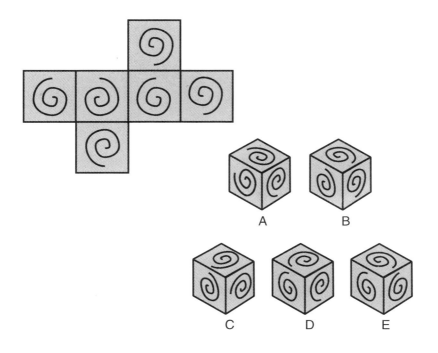

135. 疾病

1 金鸡纳树在治疗疟疾方面具有不可估量的价值，它的原产地是哪个地区？

2 首个被认定为是由病毒造成的人类疾病是什么？

3 卡迈特和介岚曾负责治疗哪种疾病？

4 1964年，英国的哪个地区经历过伤寒爆发？

5 哪本书中写了佛罗伦萨瘟疫爆发时，逃亡者以讲故事的办法振作精神的故事？他们总共讲了100个故事。

6 演员迈克尔·J·福克斯患有哪种疾病？

7 1979年被宣布绝迹的是什么？

8 在1665年至1666年的瘟疫爆发期间，英国德比郡的哪个村庄自发进行了封闭隔离？

9 哪种动物是魏尔病传播的主要途径？

10 导致宿主感染疾病的微生物被称作什么？

11 杜松子酒是为了对抗哪种疾病而产生的？

12 在修建右图所示的运河之前，必须先克服哪种疾病？

与众不同

以下选项中，哪一个与众不同？

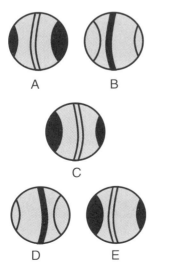

A   B

C

D   E

数字位置

4～16在遵循两个简单的规则的前提下，被随机放入了下面这个网格中，请将1～3分别放置在网格中合适的位置。

	14	10	7
9	6		4
16		13	11
12	8	5	15

136. 南美洲（二）

1 请说出查科战争的参与国。

2 20世纪初期，英国和德国就哪个南美国家的债务问题进行了合作？

3 塞拉多大草原地区位于哪个国家？

4 帕丁顿熊来自哪个国家？

5 太平洋海岸的安托法加斯塔港口以前属于哪个国家？

6 图帕马罗斯游击队曾在哪里活动？

7 在哪里可以找到下图所示的阿塔卡马沙漠？

8 橡胶曾经被哪个国家垄断?

9 歌手夏奇拉来自哪里?

10 阿尔韦托·藤森曾是哪国的总统?

11 纳粹领导人阿道夫·艾希曼于1961年在哪个国家被发现?

12 哪个国家举办了第一届世界杯足球赛?

补全图案

请观察下面的图案。以下哪个选项中的图案可以被放在问号处?

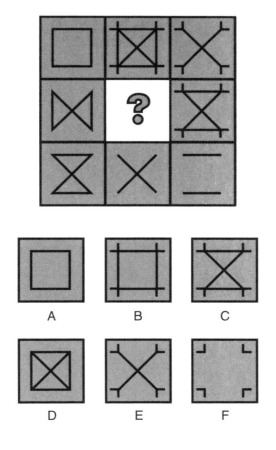

A　　　　　B　　　　　C

D　　　　　E　　　　　F

137. 数

① 一个三角形（类似于赵爽弦图中的三角形）的周长为12个单位。这个三角形每条边的长度按同样单位来计算的话是多少？

② 克歇尔编号指的是什么？

③ 4的阶乘是多少？

④ 人们肉眼可见的最暗的星的星等是多少？

⑤ 一个双筒望远镜被描述为7×50，这是什么意思？

⑥ 水下多深的位置（精确到米）的水压是在水面时的两倍？

⑦ 摄影胶卷所使用的ISO数字是衡量什么的？

⑧ 一品脱相当于多少毫升（上下误差不超过5）？

⑨ 圆的周长与其直径之比是多少？

⑩ SWIFT编号（有时称为BIC编号）用于哪个领域？

⑪ 大多数花的花瓣数量是多少？

⑫ 帕特里克·麦古恩在哪部电视剧中扮演过"6号"一角？

⑬ 如右图所示的西伯利亚大铁路的长度是多少？

数列

请观察下图中的三个数列。选项A至D中，哪一个可以接续这三个数列？

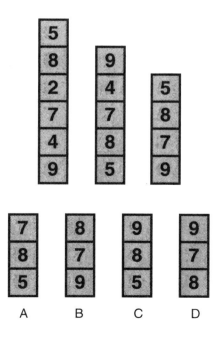

138. 儿子

1 征服者威廉的父亲和长子共同的名字是什么？

2 在《麦克白》中，班柯的儿子叫什么名字？

3 普里阿摩斯国王的哪个儿子被阿喀琉斯杀死？

4 乔治三世的长子乔治·雷克斯的后代住在哪个国家？

5 维纳斯的哪个儿子是特洛伊英雄？

6 说出下面这段话是对谁的描述：作为公共安全委员会的成员，他在组织法国武装部队方面发挥了领导作用。他的名字在工程学界和科学界也广为人知，尽管有时这个名字指代的是他的儿子。

7 斯韦恩·弗克比尔德的哪个儿子在1017年举行了加冕英格兰国王的仪式？

8 阿米尔卡·巴卡的哪个儿子很有名？

9 被英国人处决的小说家厄斯金·奇尔德斯的一个儿子成了哪个国家的总统？

10 谁在1611年寻找西北航道时被船员背叛，之后与他十几岁的儿子一同漂走了？

139. 最后

1 谁是最后一位赢得温网的非种子选手？

2 南美最后一个废除奴隶制的国家是哪个？

3 克林特·伊斯特伍德为塞尔焦·莱昂内拍摄的镖客电影三部曲中的最后一部是哪部？

4 在斯大林格勒战败后，德国人声称占领乌克兰的哪个城市是他们在苏联领土上的最后胜利？

5 下图中的人物是谁，他是最后一个做什么的人？

6 1601年至1604年，在哪里发生的一场冲突最后导致约7万名西班牙士兵伤亡？

7 谁被认定为约克的最后一位维京国王？

8 谁是最后一位被英国关在伦敦塔内的囚犯？

9 哪个欧洲国家于1923年采用了公历？

10 伊朗最后一位国王的名字是什么？

11 1914年，在辛辛那提动物园死亡的最后一只鸽子是哪一种类的？

缺失的数

请观察下面这些数。问号处应该填什么数？

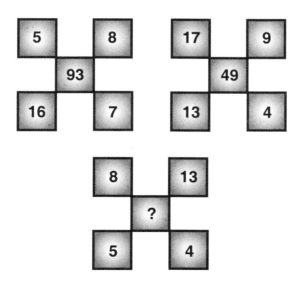

140. 武器

❶ 哪种儿童玩具是基于一种菲律宾武器而产生的？

❷ 斯堪的纳维亚的光明之神巴尔德是被哪种植物杀死的？

❸ 二战期间，美军曾用什么冷兵器来杀死信天翁？

❹ 在哪部电影中，汤姆·汉克斯扮演的角色因被雕塑的头砸中而死亡？

❺ 2002年，哪个瑞典人重返伊拉克继续寻找大规模杀伤性武器？

❻ 法国曾在哪个环礁引爆了一个核装置？

❼ 在滑铁卢桥附近被一把毒伞杀死的保加利亚持不同政见者是谁？

❽ 请说出人类首次使用的两颗原子弹的名字中的任意一个。

❾ 现代战争中的"战斧"是指什么？

❿ 英国的第一枚作战核武器有一个与"水"或者说与"音乐"有关的名字，它叫什么？

⓫ 如下图所示，"希腊火"是哪个帝国曾使用的秘密武器？

参考答案

题集1

1. 古罗马与古希腊

1. 图拉真
2. 皮格马利翁
3. 大莱波蒂斯
4. 墨丘利（罗马神话中的商业之神）
5. 奥格斯堡
6. 欧洲栗
7. 科林斯
8. 克拉苏
9. 罗马大角斗场，维斯帕先
10. 克劳狄乌斯
11. 奥维德
12. 废除了平民不能同贵族通婚的限制
13. 受风向、地理位置、火山的外形结构等因素影响。
14. 尼禄的金色宫殿
15. 鹅
16. 辛辛那提
17. 费边社
18. 卡利古拉

2. 太阳系

1. 伽利略
2. 甲烷
3. 阿喀琉斯
4. 威尔·海伊
5. 苏梅克–列维九号彗星
6. 莎士比亚的作品
7. 卡西尼
8. 伊娥
9. 木星大红斑
10. 水星
11. 开普勒
12. 奥林帕斯火山

火柴人

这是唯一一个组成部件的数量是奇数的选项。

3. 艺术与艺术家（一）

1. 马尔盖特
2. 凡·高／高更
3. 莫奈
4. 米开朗琪罗
5. 达米恩·赫斯特
6. 图案上下倒置
7. 委拉斯凯兹
8. 提香
9. 拉斐尔前派
10. 彼得·莱利
11. 德加
12. 大卫·霍克尼
13. 桑德罗·波提切利
14. 卡纳莱托
15. （东正教）圣像画
16. 米莱斯
17. 居斯塔夫·库尔贝
18. 马拉加
19. 伦勃朗
20. 霍尔拜因

4. 岛屿（一）

1. 罗本岛
2. 温哥华岛
3. 希斯帕诺拉号

4 西兰岛

5 诺福克岛

6 爱德蒙·唐戴斯

7 撒丁岛

8 佩雷希尔岛（雷拉岛）

9 巴哈马

10 马绍尔群岛

11 智利

12 新斯科舍省

13 福门特拉岛

14 特里斯坦·达库尼亚

15 马赛

16 罗阿诺克岛

17 西西里岛

18 阿尔茨·隆德尔

19 锡拉岛

20 卡普里岛

5. 一月

1 神户

2 《大胆妈妈和她的孩子们》

3 巴黎

4 卡南·巴纳纳

5 对词语"Spam"的使用（荷美尔世棒品牌的英文SPAM与英文中的"垃圾邮件"是同一个词）

6 HAL（出自电影《2001：太空漫游》）

7 卡萨布兰卡

8 格拉斯哥

9 巴黎

10 帝王蝴蝶

11 萨摩亚独立国

与众不同

B。其他图形都是由图A旋转得来的，只有图B是图A的镜像图。

轮盘谜题

10。将每个扇形中靠圆弧的两个数相乘，再用乘积除以该扇形外面的数，最后将得数放在与该扇形相对的扇形的圆心角处。

6. 演员

1 查尔斯·奥尔特耐

2 安妮·班克罗夫特

3 3人

4 巴斯特·基顿

5 贝利

6 秀珈

7 老鼠杰瑞

8 吉斯伯恩爵士

9 劳伦斯·奥利弗

10 吉尔·马斯特森（由雪莉·伊顿扮演）

11 杰拉尔丁·卓别林

12 霍斯特·布赫霍尔茨

13 弗雷德·凯特

14 克莱尔·格罗根

15 斯坦·劳莱和奥利弗·哈台

16 詹姆斯·卡格尼

17 伊尔莎·伦德

18 理查德·朗德特依

7. 发明与发明家

1. 可口可乐
2. 鲁道夫·狄塞耳
3. 约翰·哈里森
4. 欧洲核子研究组织
5. 蒸汽机
6. 詹姆斯·哈格里夫斯
7. 艾萨克·牛顿
8. 蹦床
9. 哈根达斯
10. 摄影
11. 卡芒贝尔奶酪
12. 马克西姆
13. 麦克斯韦妖
14. 西门子
15. 佩加蒙（也译作帕加马）
16. 日本胜利公司

8. 欧洲城市

1. 斯旺西
2. 格拉茨
3. 马赛
4. 布鲁塞尔
5. 巴塞尔／米卢斯／弗赖堡
6. 奥地利首都维也纳和斯洛伐克共和国首都布拉迪斯拉发
7. 曼彻斯特
8. 桑德兰
9. 卢卡
10. 托莱多
11. 伦敦
12. 美因茨

方形谜题

3。每个正方形四周的数沿逆时针方向旋转至下一个正方形的四周，且依次减2。

与众不同

B。其他选项的数其个位和十位上的数字之和均为6。

9. 第三

1. 埃德蒙·希拉里
2. 拿破仑
3. 帕斯尚尔战役
4. 共产国际
5. 外星生物接触等级（他所提出的分类系统中的一类被用来命名电影《第三类接触》）
6. 乌拉尔河
7. 根特
8. 吾等不满之冬，已被约克的红日照耀成光荣之夏。
9. 齐特琴
10. 试图找到西北航道
11. 佩吉·古根海姆
12. 《三个火枪手》
13. 伊兹密尔

飞镖困境

8种。

图形挑战

只留下边缘的12条线段和正中的4条线段。

10. 雕塑

1 萨莫色雷斯岛

2 埃尔金大理石雕

3 巴西独立100周年

4 纳尔逊

5 约翰·贝杰曼

6 查尔斯·詹姆斯·纳皮尔将军 / 亨利·哈夫洛克少将 / 乔治四世

7 《北方天使》

8 阿尔弗雷德大帝

9 《加莱义民》

10 雅各布·爱泼斯坦

11 太阳神（赫利俄斯）

12 贝尔尼尼

11. 乐队

1 The band乐队

2 模糊乐队（Blur）

3 史蒂夫·温伍德

4 曼弗雷德·曼（Manfred Mann）

5 蒙特勒

6 赫尔曼的隐士们乐队

7 蒙戈·杰瑞

聪明盒子

E。

时间旅行

上午6点。

12. 综合（一）

1 21厘米 × 29.7厘米

2 法国号（圆号）

3 《第二十二条军规》

4 凯瑟琳·德·美第奇

5 非洲之星

6 智利

7 法国

8 企鹅出版社

9 柏辽兹

10 Buildings（建筑物），Antennas（天线塔），Spans（桥梁），Earth（悬崖或岬角）。

11 朱莉·安德鲁斯

12 亚历山大·基兰德

13. 二月

1 海洋皇后号

2 意大利

3 吕贝克 / 罗斯托克

4 荷兰

5 因为儒略历与公历纪年法之间的区别

6 托利峡谷号

7 凯塞林山口

8 《呐喊》

9 特鲁克岛

图案谜题

逆时针螺圈 。从左上角开始，沿顺时针方向，图案的顺序依次是顺时针螺圈—点—正方形—逆时针螺圈—正方形—点，依此类推。

与众不同

20。圆中的数分别是13，18，26以及它们各自的平方数。

14. 南美洲（一）

1. 贝洛奥里藏特
2. 切·格瓦拉
3. 橡胶树种子
4. 贝尔纳多·奥希金斯·里克尔梅
5. 桑托斯
6. 克丘亚语
7. 加尔铁里
8. 亚马孙人
9. 布宜诺斯艾利斯
10. 圣马洛
11. 卡洛斯
12. 阿兹台克体育场
13. 眼镜熊，它是南美洲唯一的本土熊

时钟谜题

10：50。每个时钟相比于前一个时钟倒退1小时5分钟。

缺失的数

6。每一行中第一个数加1得到第二个数，第二个数减3得到第三个数，第三个数乘以2得到第四个数。

15. 詹姆斯·邦德

1. 特利·萨瓦拉斯
2. 《007之诺博士》
3. 反间谍特别行动机构
4. 《雷霆万钧》
5. 迈克尔·朗斯代尔
6. 《007之来自俄国的爱情》
7. 罗特·莲娜

8. 《007之金手指》
9. 田中
10. 旋翼机
11. 《来自俄国的爱情》
12. 露易丝·麦斯威尔

时间旅行

凌晨1点。

聪明盒子

A和C。

16. 世界河流

1. 卡玛格湿地自然保护区
2. 顿河
3. 加拿大河
4. 阿诺河
5. 中国和朝鲜
6. 哈德逊河
7. 亚速海
8. 铁门峡谷
9. 土耳其
10. 刚果
11. 朗斯河
12. 勒拿河
13. 中国和俄罗斯
14. 达令河
15. 巴格达
16. 哥伦比亚河

17. 文学（一）

1. 《黑骏马》
2. 加拿大
3. 《瑞士鲁滨孙漂流记》

4 《荒凉山庄》

5 《诺斯特罗莫》

6 《柳林风声》

7 楠塔基特岛

8 《芬妮·希尔：欢场女子回忆录》

9 《波利先生的故事》

10 劳拉·英格斯·怀德

11 《尤利西斯》

12 《呼啸山庄》

13 《城堡》

立方体谜题

D。

18. 食物（一）

1 奶酪

2 佛罗伦萨式班尼迪克蛋

3 焦耳

4 土豆

5 面包

6 "大头派"支持吃鸡蛋时从大头敲开，"小头派"反之。

7 亚麻籽油

8 阿特柔斯

9 牛奶、蛋黄、砂糖

图案谜题

它应该有一个在左下角的点。 这些正方形从右上角的那个开始，自身按逆时针方向旋转，并按照顺时针方向依次排列至中央。

拼起来

A。

19. 美国总统

1 西奥多·罗斯福

2 斯皮罗·阿格纽

3 詹姆斯·布坎南

4 蒙罗维亚

5 安娜·埃莉诺

6 尼克松

7 加兹登

8 乔治·麦戈文

9 托马斯·伍德罗·威尔逊

10 安德鲁·约翰逊

11 哈里森

12 詹姆斯·诺克斯·波尔克

13 尤金·德布斯

14 乔治·华莱士

15 麦克阿瑟

16 卡罗琳电台

17 公麋党

18 詹姆斯·麦迪逊

19 阿龙·伯尔

20. 诗歌

1 罗伯特·彭斯

2 约翰·济慈

3 费德里科·加西亚·洛尔卡

4 埃兹拉·庞德

5 沃尔特·司各特

6 彼特拉克

7 休·麦克迪尔米德

8 巴勃罗·聂鲁达

9 彼得大帝

10 保罗·列维尔

11 《耶路撒冷》

⑫ 《廷腾寺》

⑬ 奥兹曼迪亚斯

轮盘谜题

5。将同一个扇形中的两个数相加，然后将所得之和的每一位上的数字相加，得到的数按顺时针方向放到下一个扇形中与上一个扇形相邻的位置。

与众不同

625。圆中的其他数是7，9，13和它们的三次方。

21. 戏剧（一）

❶ 《武器与人》

❷ 《造谣学校》

❸ 《莎乐美》

❹ 《仲夏夜之梦》

❺ 威利·洛曼

❻ 易卜生

❼ 《热铁皮屋顶上的猫》

❽ 肖恩·奥卡西

❾ 《温莎的风流娘儿们》

❿ 《玛利亚·斯图亚特》

22. 科学（一）

❶ 多普勒效应

❷ 放射性核素所发射的高速带电粒子以大于该介质中的光速穿过透明介质时产生的电磁辐射。

❸ 瑞士

❹ 耳朵 / 鼻尖

❺ 在流体中转动的物体受到的力

❻ 天文学

❼ 布朗运动

❽ 悬链线

❾ 1埃

❿ 伯努利效应

⑪ 量子隧穿效应

⑫ 普朗克常数

⑬ 铝

平衡问题

5个（4个大球和1个小球）。

23. 三月

❶ 《布列斯特–里托夫斯克和约》

❷ 雷玛根大桥

❸ 美莱村

❹ 3月20或21日

❺ 东京

❻ 充当避难所的地铁站发生了拥挤踩踏事件

❼ 列支敦士登

❽ E–type

❾ 罗德尼·金

方形谜题

8。规律是先用正方形左上角的数减去左下角的数，再用右上角的数减去右下角的数，然后用第一个差减去第二个差，所得的数放在正方形中间。

题集2

24. 黑白动物

C。这是瓦莱州黑颈山羊，是唯一一种非洲不常见的动物。

25. 爱德华·蒙克

《生命的饰带》

26. 结婚周年纪念日

A：第3年（皮革）。B：第22年（铜）。C：第5年（木）。D：第17年（家具）。E：第65年（蓝宝石）。

27. 甜点

A：埃及（粗粒小麦粉蛋糕）。B：马来西亚及其他东南亚国家和地区（刨冰）。C：印度（甜奶球）。D：澳大利亚和新西兰（仙女面包）。E：立陶宛和波兰（树蛋糕）。

28. 运动

D：网球（12世纪）。C：英式橄榄球（1823年）。E：棒球（1845年）。A：篮球（1891年）。B：排球（1895年）。

29. 国旗

他们应该选A。C是澳大利亚在1901年至1903年使用的国旗，E是澳大利亚在1903年至1908年使用的国旗。两面红色的旗是民船旗，只在海上使用。

30. 不寻常的动物

A：珊瑚裸尾鼠。B：百慕大圆尾鹱（百慕大海燕）。C：金蟾蜍。D：乐园鹦鹉。E：平塔岛龟。
它们中与众不同的那个是B，其余

的四种动物已经灭绝了。百慕大海燕曾经也被认为灭绝了，直到人们在百慕大群岛的岩石上发现了18对集中筑巢的百慕大海燕。

31. 太阳系中的卫星

B（木卫三），A（木卫四），D（木卫一），C（海卫一），E（火卫一）。

题集3

32. 苏格兰

❶ 只在苏格兰酿制且至少于木桶内酿藏三年

❷ 约翰·保罗·琼斯

❸ 利文湖城堡

❹ 珀斯

❺ 灯塔设计师

❻ 爱丁堡城堡

❼ 奥本

❽ 洛蒙德湖与特罗萨克斯山国家公园

❾ 马尔科姆三世

❿ 巴拿马地峡

⓫ 苏格兰高地峡谷区

⓬ 福尔柯克

与众不同

D。它是唯一的封闭图形。

33. 法国

❶ 战斗的玛丽安

❷ 海地

③ 托马斯·卡莱尔

④ 华兹华斯

⑤ 雅克·路易·大卫

⑥ 先贤祠

⑦ 热月

⑧ 卢梭

⑨ 1830年法国七月革命

数字谜题

56。规律是第一行的数×第四行第一个数÷第三行的数=第二行第二个数，第一行的数×第四行第二个数÷第三行的数=第二行第一个数。

缺失的数

5。规律是同一行中的三个数相加等于剩下的数。

34. 火车与铁路

① 伦敦，格拉斯哥

② 法国高速列车

③ 锻铁（又叫熟铁）

④ 瓦特拥有的制造蒸汽机的专利的截止时间为1800年，而他本人并没有去提升蒸汽机的压力

⑤ 苏格兰飞人

⑥ 斯诺登山

⑦ 都柏林

⑧ 南非

⑨ 美国

⑩ 威廉·赫斯基森

箭头谜题

北。箭头指向的方向的顺序为北—西—南—北—东—北。

35. 电影改编

① 伊恩·弗莱明

② 《布赖顿硬糖》

③ 阿加莎·克里斯蒂

④ 贝茨汽车旅馆

⑤ 马克斯·冯·西多

⑥ 《午夜牛郎》

⑦ 《2001：太空漫游》或《2010：超时空出击》

⑧ 《高尔基公园》

⑨ 琼·希克森

⑩ 阿尔弗雷德·希区柯克

⑪ 雷木斯大叔

⑫ 《大地惊雷》

⑬ 切·格瓦拉

⑭ 《贫民窟的百万富翁》

⑮ 《蚊子海岸》

36. 哺乳动物

① 斑马

② 犀牛

③ 里海虎／爪哇虎／巴厘虎

④ 松鼠

⑤ 斯奎拉

⑥ 灰松鼠

⑦ 海豹科／海狮科／海象科

水果谜题

3。🍊=6，🍌=﹣1，🍒=4。

聪明盒子

B。

37. 国际足联世界杯

① 朝鲜

② 乌拉圭队

③ 迪诺·佐夫

④ 东德队

⑤ 美国

⑥ 厄瓜多尔

⑦ 巴尔德拉马

⑧ 慕尼黑

⑨ 尤西比奥

⑩ 马特拉齐

⑪ 美属萨摩亚队

⑫ 阿尔及利亚

⑬ 1958年、1962年、1970年

⑭ 儒勒斯·雷米特

三角谜题

7。各边代表的数：阴影线＝4，实线＝5，点线＝6，虚线＝8。公式为左边代表的数加上底边代表的数，再减去右边代表的数。

与众不同

C。其他图形中直线和曲线的数量均相等。

38. 湖泊

① 哈瓦苏湖

② 埃德蒙·菲茨杰拉德号

③ 苏伊士运河

④ 科尼斯顿湖

⑤ 坦噶尼喀湖

⑥ 加纳

⑦ 安大略湖和伊利湖

⑧ 尼斯湖／洛希湖／奥伊赫湖

⑨ 纳赛尔湖（努比亚湖也可）

⑩ 贝加尔湖

⑪ 须德海

⑫ 加尔达湖

⑬ 列宁格勒州

⑭ 温德米尔湖

图案算式

 ＝ 2， ＝ 3， ＝ 5， ＝ 4。

39. 俄国文学

① 高尔基

② 托尔斯泰

③ 《海鸥》

④ 《塔拉斯·布尔巴》

⑤ 《姆岑斯克县的麦克白夫人》

⑥ 伊萨克·巴别尔

⑦ 伊琳娜／玛莎

⑧ 俄国童话中的一个女巫（食人女妖）

⑨ 托尔斯泰

⑩ 卧轨自杀

40. 四月

① 恩斯特·托勒

② 乔治·雅克·丹东

③ A380

④ 宪章运动的支持者

⑤ 葡萄牙

⑥ 《1832年改革法案》

⑦ TSR–2

⑧ 丹尼斯·蒂托

⑨ 旧金山

⑩ 杰宁难民营

保险箱路径

从左往右数，**第2行的第2个按钮**。

轮盘谜题

4。相对的扇形中的两个数之和相等。

41. 战争

① 威尼斯

② 杜克拉山口

③ 提尔西特

④ 博马舍

⑤ 奥地利王位继承战争

⑥ 荷兰

⑦ 大卫·赫伯特劳伦斯

⑧ 伯罗奔尼撒战争

⑨ 乔治·卡斯特

⑩ 荷兰

⑪ 乔治·奥威尔

代表的数

40。✲ = 7，✔ = 8，✚ = 14，〇 = 11。

42. 山脉

① 卡茨基尔山

② 马特洪峰

③ 安纳普尔纳峰

④ 圣海伦斯火山

⑤ 莫纳克亚山

⑥ 8848.86米

⑦ 德拉肯斯堡山脉

⑧ 坎伯兰峡谷

⑨ 喀尔巴阡山脉

⑩ 海法

⑪ 蒙得维的亚

⑫ 天空岛

⑬ 侏罗纪

⑭ 新西兰

⑮ 厄尔布鲁士山

⑯ 阿拉斯加州

⑰ 少女峰

三角谜题

7。将每个三角形三个角处的数相加，所得之和乘以2，即为三角形中间的数。

43. 综合（二）

① 长号

② 尼加拉瓜

③ 宇航员

④ 陆路公共交通委员会

⑤ 维多利亚线

⑥ 汤姆·斯托帕德

⑦ 建筑

⑧ 曼岛

⑨ 惠斯特牌

⑩ 马里奥·普佐

⑪ 大卫·卡西迪

⑫ 安东尼·霍普金斯

⑬ 巴基斯

⑭ 埃德蒙·哈雷

⑮ 约翰内斯堡

⑯ 柯科迪和考登毕斯

补全图案

D。每一行中，从左边第一个方格开始，方格中图形的边数之和依次递增1。

44. 非虚构

① 高尔基

② 约翰·梅纳德·凯恩斯

③ 马基雅弗利

④ 约翰·肯尼思·加尔布雷思

⑤ 阿尔弗雷德·罗素·华莱士

⑥ 《如何赢得友谊及影响他人》

⑦ 罗伯特·路易斯·斯蒂文森

⑧ 爱德华·蒙克

⑨ 列宁

⑩ 理查德·道金斯

⑪ 弗朗西斯·惠恩

⑫ 伊丽莎白·盖斯凯尔

骑行逻辑

4∶22。车手A开始比赛的时间减去A结束比赛的时间等于B结束比赛的时间。B开始的时间减去B结束的时间等于C结束的时间，依此类推。

45. 艺术与艺术家（二）

① 史蒂夫·麦奎因

② 翠西·艾敏

③ 拉斐尔前派

④ 戈雅

⑤ 安特卫普

⑥ 《蒙娜丽莎》

⑦ 高更

⑧ 桑西（另译桑蒂、桑迪）

⑨ 斯莱德美术学院

⑩ 米兰

⑪ 纳粹德国空军

缺失的数

2。每一行最左和最右边的两个数字相乘后，得到每一行中间两列的数字。

平衡问题

24个正方形。

46. 日本

① 本州

② 铃鹿赛道

③ 奎松

④ 过山车

⑤ 他被迫代表日本队领奖，但实际上他来自当时被日本占领的朝鲜

⑥ 东京

⑦ 山本五十六

⑧ 俄罗斯和日本

⑨ 新罕布什尔州

⑩ 冲绳岛

⑪ B-29轰炸机

⑫ 弗兰克·劳埃德·赖特

拼起来

B。

数字谜题

11。这是按逆时针方向依次排列的前五个质数。

47. 死亡

①　珍妮特·利

②　陀思妥耶夫斯基

③　希腊

④　拉罗谢尔

⑤　塔斯马尼亚虎

⑥　锡拉库萨（西西里岛也可）

⑦　《奥菲莉娅》

⑧　在维苏威火山爆发时前去救援和调查，中毒窒息而死。

⑨　桑尼·波诺

⑩　他的下属烧毁了一处西班牙居民点（雷利被指示不可以侵犯西班牙的利益）

⑪　贞德

⑫　海顿

⑬　芝加哥

⑭　《日落大道》

⑮　《麦克白》

48. 五月

①　圣海伦斯火山

②　提康德罗加堡

③　都灵队

④　《林白征空记》

⑤　戈雅

⑥　都柏林

⑦　拉瓦锡

⑧　托马斯·布拉德

⑨　利物浦

⑩　兴登堡号空难

三角谜题

14。各边代表的数：阴影线 = 2，点线 = 3，虚线 = 5，实线 = 6。将各边代表的数相加后得到的数就是三角形中间的数。

49. 威廉·莎士比亚

①　塞浦路斯

②　《特洛伊罗斯与克瑞西达》

③　忒修斯

④　卡利班

⑤　《麦克白》《奥赛罗》《法斯塔夫》

⑥　《错误的喜剧》

⑦　鲍西娅

⑧　《裘力斯·恺撒》

⑨　麦克达夫

⑩　《仲夏夜之梦》

⑪　西班牙和英国当时使用不同的历法

⑫　《哈姆雷特》

⑬　安东尼奥

⑭　《罗密欧与朱丽叶》

⑮　霍雷肖

50. 名字

①　帝国州

②　巴巴罗萨（或红胡子）

③　埃里克·克莱普顿

④　巴比龙

⑤　新兵乐队

⑥　617中队

⑦　鸟人

8 莫洛托夫

9 夏洛蒂·勃朗特

10 迈克尔·道格拉斯

11 玛格丽特·凯利

51. 美国（一）

1 密苏里州

2 新墨西哥州、亚利桑那州、科罗拉多州、犹他州

3 内布拉斯加州／堪萨斯州

4 宾夕法尼亚州和马里兰州

5 格雷·戴维斯

6 基韦斯特

7 肯塔基州

8 宾夕法尼亚州（英文Pennsylvania中的"pen"源自威尔士语）

9 罗得岛州

10 《安蒂亚娜》（英文同印第安纳）

11 普罗维登斯

12 佛罗里达州

13 佐治亚州

14 1848年

15 怀俄明州

16 佛蒙特州

17 伊利诺伊州

52. 岛屿（二）

1 塔希提岛

2 圣多美和普林西比

3 牙买加

4 马达加斯加

5 夏威夷岛

6 西西里岛

7 马略卡岛

8 阿梅莉亚·埃尔哈特

9 科西嘉岛

10 阿留申群岛

11 马提尼克岛

12 苏门答腊／加里曼丹岛

13 法兰士约瑟夫地群岛

14 瓦胡岛

15 库拉索岛

16 克里特岛

题集4

53. 文艺复兴

A：老汉斯·荷尔拜因。B：扬·范·艾克（或其工作坊中的某人）。C：阿尔布雷希特·丢勒。D：希罗尼穆斯·博斯。E：小汉斯·荷尔拜因。扬·范·艾克被誉为"油画之父"。

54. 早期自行车

A：鱼雷自行车。B：无胎自行车。C：水陆两用自行车。D：考文垂旋转四轮车。E：手摇式独轮车。

55. 新石器时代的建筑

A：意大利撒丁岛。B：马耳他戈佐。C：英格兰埃夫伯里。D：苏格兰奥克尼。E：法国布贡。

56. 它们是什么？

A：芥末种子。B：香菜种子。C：葛缕子籽。D：小茴香种子。E：孜然。

题集5

57. 电影主题曲与原声音乐

① 马特·蒙罗

② 《乱世佳人》

③ 理查德·施特劳斯

④ 《女贼金丝猫》

⑤ 亨利·曼奇尼

⑥ 露露

⑦ 麦卡锡主义的兴起

⑧ 可儿家族合唱团

⑨ 威尔第

图形谜题

半个圆。公式为（第二行最左的数 × 第二行最右的数 – 第一行的数）× 第二行中间的图形占整圆的比例 = 第三行的数。

58. 天文学

① 木星有围绕它转的卫星

② 克里斯蒂安·惠更斯

③ 《暴风雨》

④ 了解金星的地质情况

⑤ 莫纳克亚山

⑥ 南十字星

⑦ 观察到了恒星视差

⑧ SOHO探测器

⑨ 月球瞬变现象

⑩ 木星

⑪ 天鹅

⑫ 脉冲星

⑬ 埃德蒙·哈雷

⑭ 大陵五

⑮ W（或M）

59. 奥林匹克运动会

① 第8届巴黎奥运会（1924年）

② 第11届柏林奥运会（1936年）

③ 埃米尔·扎托佩克

④ 1500米

⑤ 1984年

⑥ 汤米·史密斯

⑦ 巴斯特·克拉比

⑧ 吉姆·索普

⑨ 拉塞·维伦

⑩ 卡尔加里

⑪ 100米跑，200米跑（跳远或4×100米接力跑也可）

缺失的数

56。规律是用左上角的方框中的数乘以 $\frac{2}{3}$，再乘以右上角的方框中的数的两倍，最后将得到的数放在底部的方框中。

60. 这是谁写的?

① 弗里德里希·恩格斯

② 恺撒

③ 弗雷德里克·马里亚特

④ 梅里美

⑤ 萨克雷

⑥ 修昔底德

⑦ 加斯东·拉鲁

⑧ 威尔弗雷德·欧文

⑨ 普希金

⑩ 阿加莎·克里斯蒂

⑪ 埃兹拉·庞德

轮盘谜题

16。小扇形中的数和其相对的大扇形外圈的数之和为29。

代表的数

21。★ = 5，● = 4，■ = 8。

61. 古典音乐

❶ 莱比锡格万特豪斯管弦乐团

❷ 别针

❸ 普罗科菲耶夫

❹ 肖斯塔科维奇

❺ 勃拉姆斯

❻ 肖邦

❼ 康斯坦策

❽ 丹尼尔·巴伦博伊姆

❾ 贝多芬

❿ 里姆斯基–科尔萨科夫

⓫ 柴可夫斯基

⓬ 《惊愕交响曲》

代表的数

19。各图形的值：▨ = 3，▨ = 4，■ = 5，▦ = 7。

齿轮谜题

会下降。

62. 六月和七月

❶ 中途岛战役

❷ 纽约

❸ 在跳伞时丢掉降落伞，从高空坠地而亡

❹ 大卫王酒店

❺ 亨利·哈得孙

❻ 卡昂

❼ 苏梅克–列维9号彗星

❽ 维克斯堡

❾ 罗斯威尔

❿ 加泰罗尼亚

⓫ 狄更斯

⓬ 乔戈里峰

⓭ 布雷顿森林会议

⓮ 坦普尔一号

⓯ 热那亚

⓰ 福尔柯克

63. 第二次世界大战

❶ 詹姆斯·斯图尔特

❷ 反间谍特别行动机构

❸ 拉普拉塔河口海战

❹ 立陶宛

❺ 云杉鹅

❻ 罗伯特·戈登·孟席斯

❼ B–25米切尔双发中型轰炸机

❽ 卡西诺山修道院

❾ 纳瓦霍语

❿ 珍珠海岸

⓫ 意大利人从利比亚入侵埃及

号码逻辑

15。将小时数换算成分钟数，再加上分钟数，然后除以10。舍去小数点后的数字，只保留整数，该整数即为骑手的号码。

64. 古代世界

① 阿肯那顿

② 亚历山大大帝

③ 王后谷

④ 世俗体

⑤ 托勒密

⑥ 庞培

⑦ 马拉松

⑧ 狄摩西尼

⑨ 温泉关

⑩ 迈锡尼

⑪ 希罗多德

⑫ 底比斯

⑬ 大流士一世

⑭ 开罗

⑮ 用他的剑切开的

⑯ 亚历山大（赫里奥波里斯也可）

⑰ 霍华德·卡特

⑱ 雅典娜

65. 综合（三）

① 扫罗

② 艾比剧院

③ 阿尔伯特·加缪

④ 北欧航空

⑤ 安德洛玛刻

⑥ 拉尔夫·舒马赫

⑦ 斯科特·麦肯齐

⑧ 阿空加瓜山

⑨ 不明飞行物频繁出现

⑩ 蔬菜杂烩

⑪ 古生物化石

⑫ 虎豹小霸王

⑬ 他提醒特洛伊人不要把木马搬入城内

缺失的数

29。沿顺时针方向，将每一行或每一列两头的方框中的数加在一起，将和放在下一行或下一列中间的方框中。

方形谜题

27。将每个正方形四个角上的数相加，第一行的正方形得到的和分别加5，第二行的分别减5，然后将第一行和第二行的结果交换位置，就能得到每个正方形中间的数。

66. 国旗和国歌

① 海顿

② 比利时

③ 意大利国旗

④ 艾拉·海耶斯

⑤ 《丛林流浪》

⑥ 印度

⑦ 爱尔兰

⑧ 德国

⑨ 《贝多芬第九交响曲》

⑩ 莫桑比克

⑪ 巴尔的摩

代表的数

♠ = 2，♣ = 4，♦ = 6，♥ = 8。

三角谜题

12。各边的值：点线 = 5，虚线 = 3，阴影线 = 6，实线 = 4。

67. 女儿

① 玛丽·安托瓦内特

② 英格丽·褒曼

③ 安提戈涅

④ 洛雷塔·林恩

⑤ 埃莉诺

⑥ 查理一世

⑦ 伊菲革涅亚

⑧ 瓦格纳

⑨ 杰米·李·柯蒂斯

⑩ 布克斯特胡德

⑪ 凯瑟琳

⑫ 西尔维娅、克丽丝特布尔

68. 非洲（一）

① 苏丹

② 安哥拉

③ 加纳

④ 博茨瓦纳

⑤ 南苏丹

⑥ 莱索托

⑦ 坦桑尼亚

⑧ 纳米比亚

⑨ 莫桑比克

⑩ 加纳

拼起来

B。

69. 八月和九月

① 印度获得独立

② 太空漫步

③ 库尔斯克号

④ 瑞士

⑤ 9月11日

⑥ 黑九月

⑦ 因为它不存在（当时英国进行了历法改革，导致1752年9月丢失了11天）

⑧ 莱拉·哈立德

⑨ 《莉莉玛莲》

⑩ 伊利湖之战

⑪ 维也纳

轮盘谜题

10。下半部分的扇形中的三个数之和分别是其相对的扇形中数的和的两倍。

70. 各国首相及总理

① 英国的小镇巴瑞

② 亚历山大·克伦斯基

③ 葡萄牙

④ 贝蒂诺·克拉克西

⑤ 塞西尔·罗兹

⑥ 卢森堡

⑦ 扬·史末资

⑧ 莱昂·布鲁姆

⑨ 伊扎克·沙米尔

⑩ 高夫·惠特拉姆

⑪ 穆罕默德·摩萨台

轮盘谜题

72。在第一个轮盘中，将上半部分每个扇形中的数乘以3即可得到与其相对的扇形中的数。在第二个轮盘中，将上半部分每个扇形中的数乘以6即可得到与其相对的扇形中的数。依此类推，将第三个轮盘上半部分扇形中的数乘以9，就可以得到与其相对的扇形中的数。

组装方形

第一行：91463。第二行：12531。第三行：45802。第四行：63096。第五行：31267。

71. 各种动物

① 公驴企鹅（斑嘴环企鹅）
② 帽贝
③ 云雀
④ 琵嘴鸭
⑤ 犀牛
⑥ 蝙蝠
⑦ 甲虫
⑧ 鹦鹉

拼起来

E。

72. 欧洲河流

① 索姆河
② 威悉河
③ 波兰、白俄罗斯、乌克兰
④ 麦地那
⑤ 莱茵河
⑥ 马恩河
⑦ 阿斯蒂
⑧ 斯佩河
⑨ 古龙水
⑩ 亨伯河
⑪ 舒兹伯利
⑫ 伏尔加河
⑬ 阿迪杰河
⑭ 塞文河

缺失的数

72。将左上角的数乘以 $\frac{1}{2}$，然后将右上角的数乘以3，再将两个乘积相乘，最后将得数放在底部的方框中。

73. 酒

① 桃子
② 乙醇
③ 椰林飘香
④ 威士忌
⑤ 苦艾酒
⑥ 13个
⑦ 霞多丽葡萄
⑧ 新加坡司令

74. 作家（一）

① 丹尼尔·笛福
② 约翰·纽曼
③ 拜伦
④ 埃米尔·左拉
⑤ 约翰·弥尔顿
⑥ 《巴黎伦敦落魄记》
⑦ 刚果

与众不同

C。其他的图形都是同一个图形旋转而来的。

75. 十月

1 亚琛

2 亚历山大·克伦斯基

3 "季诺维也夫信"事件

4 圣朱利亚诺

5 纳吉·伊姆雷

6 哥伦布发现美洲大陆

7 尤里卡起义

8 安娜·波利特科夫斯卡娅

9 莱比锡战役

10 赎罪日战争（或斋月战争）

11 巴黎

12 印度

13 美国

运算符号

顺序为 −、×、+、−、÷、+。

76. 美国（二）

1 美国国家铁路客运公司

2 安然公司

3 圣地亚哥

4 1913年

5 本尼迪克特·阿诺德

6 马修号

7 富国银行

时间旅行

晚上9点15分。

77. 综合（四）

1 蛇

2 足球裁判

3 隐形人

4 用户识别模块

5 帕·林·特拉弗斯

6 她的声音

7 法国

8 伽利略

9 被狮子咬

10 新天鹅堡

号码逻辑

2。用马下方的数个位上的数字减去十位上的数字，就可以算出马的号码。

78. 团体运动

1 雷米特杯

2 牙买加参加雪橇比赛

3 3个阶段，20分钟

4 冰球

5 布鲁克林道奇俱乐部

6 足球

7 六边形和五边形

8 洪都拉斯和萨尔瓦多

9 西德获得世界杯冠军

10 橄榄球

11 冰球

79. 金钱

1 加尔各答杯

2 欧元

3 内银，外金

4 马克·吐温

5 里弗尔

6 德国

7 比索

形状谜题

A。

80. 歌剧

① 假声男高音

② 理查德·施特劳斯

③ 《阿依达》

④ 马勒

⑤ 《蝴蝶夫人》

⑥ 恩格尔贝特·洪佩尔丁克

⑦ 《采珠人》

⑧ 赫尔曼·梅尔维尔

时钟谜题

10。每个时钟的指针所指的数字之和均为15。

81. 鸟类

① 巴布亚企鹅

② 体表被覆羽毛

③ 大海雀

④ 普通鵟

⑤ 奥地利

⑥ 奇异鸟

⑦ 夜莺

⑧ 在求偶场进行求偶表演

⑨ 翠鸟

⑩ 鹰

⑪ 新西兰

82. 诺贝尔奖获得者

① 玛丽·居里

② 君特·格拉斯

③ 智利

④ 德斯蒙德·图图

⑤ 叶芝、萧伯纳

⑥ 伦琴

⑦ 弗里茨·哈伯

⑧ 加缪，萨特

⑨ 希蒙·佩雷斯

⑩ 贝蒂·威廉斯和梅雷亚德·科里根

⑪ 阿尔伯特·爱因斯坦

⑫ 安德烈·萨哈罗夫

⑬ 索尔·贝娄

⑭ 彼得·卡皮查

⑮ 霍华德·弗洛里 / 恩斯特·伯利斯·钱恩

与众不同

31。它是唯一的奇数。

83. 音乐剧

① 《乞丐歌剧》

② 《旋转木马》

③ 珂赛特

④ 《刁蛮公主》（又名《吻我，凯特》）

⑤ 《欢乐满人间》

⑥ 《东北风》

⑦ 《我，堂吉诃德》

⑧ 《匹克威克》

⑨ 《音乐之声》

⑩ 多伊利·卡特

84. 水生生物

① 尼罗河鲈鱼

② 露脊鲸

③ 广义上讲，指动物因人为因素而迁徙（例如红海的鱼迁徙到地中海）

④ 姥鲨

⑤ 鳟鱼

⑥ 二龄鲑

与众不同

91。其他的数都是质数。

题集6

85. 惠斯勒与罗斯金

A：《黑色和金色夜曲·降落的焰火》。

86. 著名桥梁

A：布鲁克林大桥（悬索桥，1883年）。E：福斯桥（悬臂桥，1890年）。B：伦敦塔桥（上开悬索桥，实际开通时间为1894年）。D：悉尼港湾大桥（拱桥，1932年）。C：金门大桥（悬索桥，1937年）。

87. 罗马皇帝

B：屋大维·奥古斯都（公元前27年）。D：提比略（公元14年）。A：卡利古拉（公元37年）。E：克劳狄乌斯（公元41年）。C：尼禄（公元54年）。

88. 艺术家

A：夏洛特·萨洛蒙。B：卡米耶·毕沙罗。C：柴姆·苏丁。D：马克·夏卡尔。他们都是犹太人。

89. 浪漫主义诗人

A：约翰·济慈（25岁）。E：波西·比希·雪莱（29岁）。C：乔治·戈登·拜伦（36岁）。B：罗伯特·彭斯（37岁）。D：威廉·华兹华斯（80岁）。

90. 太空漫游车

A：玉兔号。B：好奇号。C：旅居者号（属于火星探路者号航天器）。D：月球车1号。E：阿波罗月球漫游车（LRV）。

91. 发明时间

A：固体巧克力（1819年）。B：雷管（1867年）。D：圣诞彩灯（1882年）。E：自动扶梯（1891年）。C：烤面包机（19世纪末20世纪初，不早于1893年）。

92. 宇航员（一）

每位宇航员都是其国家第一个进入太空的人。

（A：加拿大的马克·加尔诺。B：德国的西格蒙德·雅恩。C：瑞士的克劳德·尼科里埃尔。D：日本的秋山丰宽。E：保加利亚的格奥尔基·伊万诺夫。）

题集7

93. 画作

1 毕加索
2 圣拉扎尔火车站
3 拉斐尔
4 拉斐尔前派
5 《蒙娜丽莎》
6 伦勃朗
7 梅杜萨号
8 《夜巡》
9 马奈
10 达利
11 《画家母亲的肖像》
12 《星月夜》
13 汉尼拔和他的军队越过阿尔卑斯山
14 L.S.洛瑞
15 《东方三博士的礼拜》
16 勒阿弗尔

图案谜题

A。每个正方形中所有图形的边数之和依次加2。

94. 十一月和十二月

1 奥斯特里茨战役
2 斯莫尔尼学院
3 亚历山大·杜布切克
4 雾月
5 伤膝河
6 白船号
7 基洛夫

8 蒙得维的亚
9 考文垂
10 萨科奇
11 12月26日
12 广义相对论

与众不同

410。其他数中，百位上的数字和十位上的数字相加等于个位上的数字。

95. 经典当代文学

1 《东方快车谋杀案》
2 《鼠吼奇谈》
3 《一九八四》
4 《第五号屠宰场》
5 威尔伯
6 南非
7 《旧地重游》
8 《玫瑰的名字》
9 让·保罗·萨特
10 米兰达
11 阿克拉

96. 观星

1 通过测量某地北极星的仰角高度，确定当地的维度，这两个值是近似的。
2 伽利略
3 仙女座
4 88
5 人马座
6 只有眼力像山猫一样好的人才能看到它
7 天狼星

⑧ 织女星

⑨ 小熊座

⑩ 是以南非的桌案山命名的

⑪ 赤经

⑫ 麦哲伦星云

立方体谜题

A。

97. 食物（二）

❶ 粗粒小麦粉

❷ 斯蒂尔顿奶酪

❸ 英国

❹ 加拿大

❺ 水牛

时钟谜题

4点20分。时间由A到B过了1小时5分钟，由B到C过了2小时10分钟，由C到D过了4小时20分钟，因此，接下来的时间应该是8小时40分钟之后。

三角谜题

11。各边的值：点线＝5，虚线＝3，阴影线＝2，实线＝6。

98. 数学与数学家

❶ 阿基米德

❷ 七座

❸ 费马大定理

❹ 钟形

❺ 扇形

❻ 无限

❼ 斐波那契

⑧ 将所有数按从小到大的顺序排列：当数字个数为奇数时，中间的那个数就是中位数；当数字个数为偶数时，中间两个数的平均数就是中位数。

⑨ 约为1.41

⑩ 拉丁方阵

与众不同

B。 其他图案中每个图形的边数依次加1。B没有遵循这个规律。

99. 音乐家与音乐人

❶ 《克罗莱奏鸣曲》

❷ 大提琴

❸ 弗兰克·扎帕

❹ 摩德纳

❺ 克拉拉

❻ 克莉丝朵·盖尔

❼ 吉他

❽ 娜娜·莫斯科利

❾ 赫伯·阿尔帕特

❿ 蒙特塞拉特·卡芭叶

代表的数

23。□ ＝9；**X** ＝5；**Z** ＝6；♥ ＝7。

与众不同

C。 其他3个三角形中的数是其三个顶点处的数的平方之和。

100. 星期

❶ 艾伦·西利托

❷ 谢菲尔德星期三足球俱乐部

3 春分之后第一个满月后的第一个星期日

4 墨尔本杯赛马节

5 《周末的狂热》

6 威杰里

7 黑色星期一

8 重油水果蛋糕

轮盘谜题

3。规律是每个轮盘上的数的和为30。

数字规律

19。圆中的数表示单词"one""two""three""four"和"five"的第一个字母在字母表中的位置，"six"以排在第19位的"s"开头。

立方体谜题

D。

101. 英国作家

1 伊夫林·沃

2 阿加莎·克里斯蒂

3 贝尔法斯特

4 约翰·班扬

5 金斯利·艾米斯

6 多丽丝·莱辛

7 弗吉尼亚·伍尔夫

8 南瑞丁

9 D.H.劳伦斯

10 查尔斯·狄更斯

11 玛丽·沃斯通克拉夫特

12 国王十字车站

图形规律

4。规律是数字表示该处有多少个正方形重叠。

102. 其他河流

1 吉伦特河

2 巴塞尔

3 全美航空

4 罗纳河谷

5 伏尔塔瓦河

6 泰晤士河

7 底格里斯河、幼发拉底河

8 菲尔·斯佩克特

9 红河

10 涅夫斯基大街

11 几内亚湾

12 谢南多厄河

13 尼亚加拉河

14 冥河渡神卡戎

运算符号

运算符号依次为÷、×、+、÷、-。

103. 美国电影

1 鲍勃·迪伦

2 玛丽莲·梦露

3 《鸭羹》

4 费城

5 《霹雳炮与飞毛腿》

6 迈克尔·摩尔

7 启斯东电影公司

8 《决斗》（又名《飞轮喋血》）

9 《毒药与老妇》

⑩ 奥利维亚・德哈维兰和埃罗尔・弗林

三角谜题

10。 A各个位置的数加2得到B对应位置的数，B各个位置的数减3得到C对应位置的数，C各个位置的数再加2得到最终答案。另一种计算方法是，将三角形顶角和左下角处的数相加，然后减去右下角的数就能得到中间的数。

代表的数

21。 ← = 12，✳ = 9，♥ = 3，% = 5，@ = 7。

104. 俄罗斯

① 迪纳摩足球俱乐部

② 《海鸥》

③ 戈比

④ 波将金号

⑤ 亚历山大（或亚历山德拉）

⑥ 涅瓦河

⑦ 鲍里斯・斯帕斯基

⑧ 新西伯利亚

⑨ 莫斯科时间

⑩ 鲍里斯・戈杜诺夫

⑪ 伏尔加格勒

⑫ 莫洛托夫

⑬ 《飞向太空》

⑭ 泰加林

⑮ 彼得保罗要塞

105. 综合（五）

① 阿根廷、巴西、智利

② 仙人掌

③ 为了饰演暹罗国王的角色

④ 绿线

⑤ 吉姆・巴克斯

⑥ 因为开始使用格里历（公历）

⑦ 世界产业工人联盟

⑧ 西伯利亚虎

⑨ 维克多

⑩ 新秩序乐队

⑪ 但丁的《地狱》

⑫ 《铁面无私》

⑬ 《巴斯克维尔的猎犬》

⑭ 他变成了一只甲虫

⑮ 果酱乐队（The Jam）

⑯ 加来

⑰ 鳗线

时间谜题

将表先顺时针拨1小时至4：45，再逆时针拨 $3\frac{1}{2}$ 小时至1：15，接着顺时针拨 $6\frac{1}{2}$ 小时至7：45，最后逆时针拨 $2\frac{1}{4}$ 小时至5：30。

106. 食物（三）

① 新鲜的鸡蛋会沉到水底，越不新鲜的鸡蛋越容易浮起来

② 肉铺街

③ 厄普顿・辛克莱

④ 挪威

⑤ 禾本科

⑥ 斯帕姆午餐肉

⑦ 罗克福干酪

立方体谜题

B。

补全图案

D。 小正方形按顺时针方向移动，每移动一次，小正方形里的圆圈就增加一条额外的线段。字母"T"则按逆时针方向移动，并且每次移动都伴随180度旋转。

107. 世界城市

1. 阿德莱德
2. 撒马利亚
3. 巴黎和伊斯坦布尔
4. 博帕尔
5. 杨百翰
6. 巴姆
7. 君士坦丁堡
8. 雅法
9. 圣保罗
10. 亚特兰大小镇
11. 维也纳
12. 道森市
13. 曼海姆
14. 新奥尔良
15. 威尔士人
16. 圣安东尼奥

108. 军用交通工具

1. 沙恩霍斯特
2. 诺曼底号
3. 哈利法克斯轰炸机
4. 堪培拉轰炸机
5. 波将金
6. 飞行堡垒
7. 台风战斗机
8. 勇士，火神，胜利者
9. 飓风式战斗机
10. 流星和吸血鬼
11. 天安舰

代表的数

116。 各个图案的值：=8，◣=6，◣=3，◣=2。

109. 文学（二）

1. 《宾虚》
2. 马略卡岛
3. 《三人同游》
4. 华盛顿·欧文
5. 《哈瓦那特派员》
6. 乞力马扎罗山
7. 彼得大帝
8. 《桂河大桥》
9. 拉曼查高原

三角谜题

44。 将三角形3个角处的数相加，再将所得之和乘以2，就能得到圆中的数。

110. 水域

1. 热带气旋
2. 尼亚加拉瀑布
3. 亚丁湾
4. 贝尤

⑤ 迪戈加西亚岛

⑥ 莱辛巴赫瀑布

⑦ 越南

⑧ 加拿大

⑨ 麦哲伦

⑩ 基尔德水库

⑪ 澳大利亚

⑫ 洛蒙德湖（或译罗蒙湖）

⑬ 马六甲海峡

轮盘谜题

7。将扇形靠近弧的两个数相乘，再将乘积除以2，然后将得数放在顺时针方向向前数的第二个扇形的圆心角处。

形状谜题

11。将上面每个数字图形的边数乘以3，再减去这个数字，就能得到下面的数。

111. 岛屿（三）

① 大漩涡

② 爪哇岛（其英文Java为编程语言）

③ 安圭拉

④ 蒙特克里斯托岛

⑤ 科孚岛

⑥ 海地

⑦ 加那利群岛

⑧ 毛里求斯

⑨ 西西里岛

⑩ 科尼岛

⑪ 爱德华王子岛省

112. 德国

① 特里尔市

② 大众汽车

③ 比利时

④ 斯卡帕湾

⑤ 奥瑞克

⑥ 马德堡

⑦ 一种金丝雀

⑧ 罗伯特·斯蒂芬森

离家多远？

10。将每个城镇的英文名称的第一个字母在字母表中的位置乘以10，就可以得到后面的数。

网格挑战

完整脸的表情符号。表情符号从右下角开始，按照自下而上然后自上而下的顺序，按如下规律排列：完整脸、只有左眼、只有右眼、完整脸、只有右眼、只有左眼……因此问号处应该是完整脸的表情符号。

113. 个人运动

① 游渡英吉利海峡

② 环法自行车赛

③ 蝶泳—仰泳—蛙泳—自由泳

④ 马克斯·施梅林，乔·路易斯

⑤ 西班牙，意大利

⑥ 山地之王（爬坡成绩最佳者）

⑦ 怀特曼杯

⑧ 卡特琳娜·威特

⑨ 游泳，自行车，跑步

⑩ 南希·克里根

⑪ 汤姆·辛普森

⑫ 游泳

⑬ 角动量守恒定律

⑭ 莫妮卡·塞莱什

与众不同

A：**695**。其他数百位和个位上的数字都相同。

B：**10**。这组数的规律是每个数都是前一个数的两倍，因此第三个数应该是16。

114. 神话传说

① 美索不达米亚

② 图奥内拉

③ 赫拉克勒斯（大力神）

④ 伊索寓言

⑤ 遗忘之河

⑥ 旅鼠

⑦ 贝奥武夫

⑧ 格斯勒

⑨ 洛克斯利

⑩ "世界末日"或"世界重生"

⑪ 女妖罗蕾莱

⑫ 《马比诺吉昂》

115. 电影导演

① 《亚历山大·涅夫斯基》

② 肯·洛克

③ 莱尼·里芬施塔尔

④ 《荒野大镖客》

⑤ 雅克·库斯托

⑥ 俄语和法语

⑦ 斯坦利·库布里克

⑧ 罗伯特·史蒂文森

⑨ 红，白，蓝

⑩ 《卡利加里博士的小屋》

116. 美国（三）

① 新泽西州

② 比尔·克林顿

③ 特拉华州，马里兰州，肯塔基州，密苏里州（四选二即可）

④ 南卡罗来纳州

⑤ 密西西比州

⑥ 堪萨斯州

⑦ 得克萨斯州

⑧ 乔治·华莱士

⑨ 佛蒙特州

⑩ 密苏里州

⑪ 堪萨斯州

⑫ 新泽西州

⑬ 南达科他州

代表的数

90。各图案代表的数：▰ = 25，■ = 17，▱ = 36，▦ = 12。

三角谜题

3。公式为：顶角的数 × 左边角的数 ÷ 右边角的数 = 中间的数。

117. 茶歇

① 格雷伯爵茶

② 甘草

③ 卡布奇诺

④ 《白鲸》

⑤ 马德莱娜小蛋糕（又称玛德琳小蛋糕）

⑥ 泰米尔人

⑦ 桑托斯

⑧ 咖啡

立方体谜题

C。

时钟谜题

21：14：51。 每个数字时钟上的小时数依次递减，且每次所减的数比前一次所减的数多1。每个数字时钟上的分钟数依次递增，且每次增加的数是前一次所增加的数的两倍。每个数字时钟上的秒数依次递减，且每次所减的数比前一次所减的数多1。

118. 发现与发明

① 氦

② 恩斯特·马赫

③ 霸王龙

④ 罗塞塔石碑

⑤ 摩亨朱达罗

⑥ 硝酸甘油

⑦ 是以首先发现了该细菌的科学家的姓氏命名的

⑧ 汉弗莱·戴维

⑨ 发条式收音机

⑩ 量子力学

⑪ 约瑟夫·斯旺

⑫ 哥白尼

⑬ 范·德·瓦尔斯

与众不同

A：26。 其他数都是6的倍数。

B：689。 其他数个位、十位、百位上的数字分别比前一个数同一数位上的数字递增1。

119. 道路与汽车

① 萨摩亚

② 凯迪拉克

③ 哈瓦那

④ 卡伦·丝克伍德

⑤ 名爵（MG）

⑥ 沃尔沃

⑦ 大众汽车公司

⑧ 发电站乐队

⑨ 奥迪

方形谜题

68。 将每个正方形同一条对角线上的两个数相乘，再将两个乘积相加，就能得到正方形中间的数。

120. 综合（六）

① 舞毒蛾式

② 宗教管理人员

③ 塞文河

④ 海地

⑤ 汉堡

⑥ 水痘—带状疱疹

⑦ 戴安娜

⑧ 全音符

⑨ 因为它是由一位波兰探险家发现并命名的

⑩ 杰迈玛·帕德尔鸭

⑪ 马文

⑫ 国际象棋

121. 战役

① 俄罗斯

② 约克镇战役

③ 西班牙王位继承战争

④ 亚克兴海战

⑤ 俄罗斯帝国

⑥ 马纳萨斯战役

⑦ 布赖恩·博鲁

⑧ 普瓦捷会战

⑨ 托斯蒂格

⑩ 雅典和斯巴达

⑪ 布吕歇尔

⑫ 邓斯纳恩山战役

⑬ 乌尔姆

⑭ 君士坦丁

⑮ 伊松佐河

⑯ 第二次布匿战争

⑰ 托马斯·杰克逊

122. 非洲（二）

① 恩克鲁玛

② 黄金海岸

③ 豪萨族／约鲁巴族／伊博族

④ 南非

⑤ 加丹加

⑥ 比勒陀利亚

⑦ 洛伦索·马贵斯

⑧ 达尼基尔洼地

⑨ 西撒哈拉

⑩ 英美资源集团

⑪ 苏丹

⑫ 南非

⑬ 乌呼鲁卫星

三角谜题

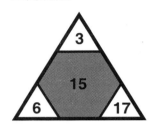

用三角形中间的数除以5，可以得到顶角的数。将三角形中间的数十位和个位上的数字相加，可以得到左下角的数。将三角形中间的数十位和个位上的数字交换位置，然后除以3，可以得到右下角的数。

123. 蜥形纲与爬行纲

① 短吻鳄

② 变色龙

③ 科莫多巨蜥

④ 墨西哥

⑤ 罗宾

⑥ 湾鳄（咸水鳄）

⑦ 吉拉毒蜥

⑧ 雷龙

星星谜题

124. 首字母缩写词

1. 美国信息交换标准代码
2. 非通胀持续扩张时期
3. 自愿性供款
4. 科索沃
5. 联机公共目录检索系统
6. 电荷耦合器件
7. 通用串行总线
8. 自动取款机
9. 家用录像系统
10. 氢离子浓度指数
11. 国际足球联合会

扇形谜题

灰色扇形＝9，黑色扇形＝8。

125. 各国领导人

1. 兴登堡
2. 贝尼托·胡亚雷斯
3. 爱尔兰
4. 巴西
5. 乌克兰
6. 伊莎贝尔
7. 路易–拿破仑·波拿巴（拿破仑三世也可）
8. 爱尔兰
9. 查尔斯·泰勒
10. 纳吉布拉
11. 马卡里奥斯三世大主教
12. 法国前总统

轮盘谜题

外圈问号处应填3，内圈问号处应填9。 每个扇形靠近圆弧的两个数相加，轮盘上半部分的和是其对角的下半部分的和的两倍。轮盘上半部分靠近圆心角的数是其对角的下半部分的数的三倍。

图案谜题

2A和3C。

126. 新闻业

1. 《卫报》
2. 泰坦尼克号发生事故后，他不顾大量的妇女和儿童仍然被困在船上而率先逃生
3. 《每日先驱报》
4. 戈尔巴乔夫
5. 他是《野兽日报》的专栏作家
6. 罗伯特·马克斯韦尔
7. 《晨星报》（其英文Morning Star也有启明星的意思）
8. 杰森·布莱尔
9. 威廉·伦道夫·赫斯特
10. 1821年，《曼彻斯特卫报》
11. 马克思

拼起来

D。

127. 作家（二）

1. 雷马克
2. 海因里希·曼
3. 高尔基
4. 布拉姆·斯托克
5. 加斯顿·勒鲁
6. 让–保罗·萨特

7 詹姆斯·乔伊斯

8 E.F.舒马赫

9 大仲马

10 西姆农

11 匈牙利

12 约翰·詹姆斯·奥杜邦

128. 戏剧（二）

1 爱尔兰

2 《玩偶之家》

3 罗伯斯庇尔

4 量子力学

5 安德鲁克里斯和狮子

6 艾伦·艾克伯恩

7 布鲁诺

8 《错误的喜剧》

9 唐·迭戈

10 博马歇

火柴谜题

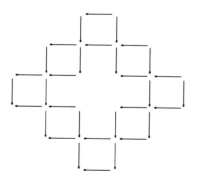

129. 颜色

1 企鹅

2 叙利亚

3 彩虹乐队

4 格雷伯爵

5 克卢索

6 德国

7 爱德华

8 劳拉

题集9

131. 宇航员（二）

1 迈克尔·柯林斯

2 弗雷德·海斯／约翰·斯威格特

3 艾伦·谢泼德

4 先锋号运载火箭

5 联盟11号

6 12月21日至12月27日

7 土星5号运载火箭

8 静海

9 阿列克谢·列昂诺夫

10 阿波罗1号

11 瓦莲京娜·捷列什科娃

12 大卫·斯科特／尼尔·阿姆斯特朗

13 与苏联的联盟19号宇宙飞船对接

14 查理·布朗／史努比

15 弗朗西斯·斯科比

与众不同

C。在其他图形中，最外面的图形和最里面的图形形状相同。

132. 桥梁

1 托马斯·特尔福德

2 瓦尔河大桥

3 维琪奥桥

4 丹麦和瑞典

5 韦拉扎诺海峡大桥

6 都柏林

7 金角湾

8 它被风吹垮了

与众不同

D。其他三个选项中，左边方框中的数 + 中间方框中的数 × 右边方框中的数 = 上面方框中的数 + 中间方框中的数 × 下面方框中的数，D选项中的数不符合这个规律。

133. 科学（二）

1 波义耳

2 汉弗莱·戴维

3 氢原子

4 两英镑硬币

5 亨利·莫塞莱

6 苏黎世

7 坩埚炼钢

8 热力学第一定律

9 飞利浦和索尼

10 帕多瓦

11 物理领域，化学领域，放射性元素研究领域（题目中的人物是居里夫人）

图案谜题

B。图案变化的规律是先减少一个点，再加上两个点，依此类推，同时图案沿顺时针方向旋转。

134. 乐器

1 迪吉里杜管

2 单簧管

3 竖笛

4 乌木

5 巴拉莱卡琴

6 短号

7 夏威夷

8 竖琴

9 手风琴和口琴

10 长号

11 陶笛，吹管乐器

立方体谜题

A。

135. 疾病

1 安第斯山区

2 黄热病

3 结核病

4 阿伯丁

5 《十日谈》

6 帕金森症

7 天花

8 亚姆

9 老鼠

10 病原体

11 疟疾

12 黄热病（图为巴拿马运河）

与众不同

E。A是C的镜像图，B是D的镜像图。

数字位置

2	14	10	7
9	6	1	4
16	3	13	11
12	8	5	15

这里的规则是：第一，在任意一横列、竖列或两条对角线中都不会出现两个连续的数；第二，在任意两个相邻的方格中不会出现两个连续的数。

136. 南美洲（二）

1 玻利维亚，巴拉圭

2 委内瑞拉

3 巴西

4 秘鲁

5 玻利维亚

6 乌拉圭

7 智利

8 巴西

9 哥伦比亚

10 秘鲁

11 阿根廷

12 乌拉圭

补全图案

B。根据第一行和第三行的图案可知，每行前两个图案共有的所有线条都不会出现在第三个图案中。

137. 数

1 3，4，5

2 莫扎特作品的编号

3 24

4 6

5 放大倍数为7，口径为50毫米

6 10

7 胶卷对光的敏感度

8 568

9 圆周率（或约等于3.142）

10 金融

11 5

12 《囚徒》

13 约9000千米

数列

D。每次删除数列中最小的那个数，其余数以倒序出现。

138. 儿子

1 罗伯特

2 弗里斯

3 赫克托耳

4 南非

5 埃涅阿斯

6 拉扎尔·卡诺

7 卡努特

8 汉尼拔

9 爱尔兰

10 亨利·哈得孙

139. 最后

1. 戈兰·伊万尼舍维奇
2. 巴西
3. 《黄金三镖客》
4. 哈尔科夫
5. 尤金·塞尔南，在月球上行走
6. 奥斯坦德
7. 血斧王埃里克
8. 鲁道夫·赫斯
9. 希腊
10. 穆罕默德·礼萨·巴列维
11. 旅鸽（别名候鸽）

缺失的数

33。将对角处的正方形内的数两两相乘，然后用较大的乘积减去较小的乘积，就可以得到中间的正方形中的数：13×5−8×4＝33。

140. 武器

1. 悠悠球
2. 槲寄生
3. 匕首
4. 《老妇杀手》
5. 汉斯·布利克斯
6. 穆鲁罗瓦环礁
7. 格奥尔基·马尔科夫
8. 小男孩／胖子
9. 巡航导弹
10. 蓝色多瑙河
11. 拜占庭帝国